广州绿道

的使用体验特征
及服务功能提升研究

赵　飞　章家恩　著

中国·广州

图书在版编目（CIP）数据

广州绿道的使用体验特征及服务功能提升研究/赵飞，章家恩著.—广州：暨南大学出版社，2020.1

ISBN 978-7-5668-2740-1

Ⅰ.①广… Ⅱ.①赵…②章… Ⅲ.①城市道路—道路绿化—研究—广州 Ⅳ.①TU985.18

中国版本图书馆CIP数据核字（2019）第215425号

广州绿道的使用体验特征及服务功能提升研究

GUANGZHOU LUDAO DE SHIYONG TIYAN TEZHENG JI FUWU GONGNENG TISHENG YANJIU

著　者：赵　飞　章家恩

出 版 人：徐义雄
责任编辑：曾鑫华　高　婷
责任校对：张学颖　陈皓琳
责任印制：汤慧君　周一丹

出版发行：暨南大学出版社（510630）
电　　话：总编室（8620）85221601
　　　　　营销部（8620）85225284　85228291　85228292（邮购）
传　　真：（8620）85221583（办公室）　85223774（营销部）
网　　址：http://www.jnupress.com
排　　版：广州市天河星辰文化发展部照排中心
印　　刷：广州市快美印务有限公司
开　　本：787mm×1092mm　1/16
印　　张：8.75
字　　数：205千
版　　次：2020年1月第1版
印　　次：2020年1月第1次
定　　价：38.00元

目　录

第 1 章　国内外绿道发展概况

1.1　绿道的概念及其类型

1.1.1　绿道的概念

绿道，其英语表达一般为“greenway”，字面的意思就是绿色的道路。同时，不少学者（特别是美国学者）对绿道的研究，其对象为 trail，直译为小径、小路，多指宽度较窄、地处公园或自然区域（natural area）内的绿道。Jim（2001）将 trail 定义为：“在陆地或水域上设计的轨道或道路，为公众满足休闲或通勤（如步行、慢跑、骑摩托车、远足、骑自行车和骑马等活动）提供机会。”对比而言，greenway 的内涵比 trail 更加宽泛，许多 greenway 系统中包含 trail，有些则没有。与之相近的词汇还有“greenway trail、track、lane、parkway”。其中，lane 多指城市或乡间的小路，parkway 则是指公园或旅游区内的道路。此外，一些绿道的研究学者也关注“rail-trail（multi-use recreation trails constructed on unused railway rights-of-way)”，即废弃铁路改造而成的游憩绿道。

绿道的概念起源于美国，大部分文献认为是在 19 世纪的城市设计实践中，由中心大道以及公园道路演变而来（Jongman et al.，2004）。美国著名规划师和风景园林师 Olmsted（1822—1903）是 greenway 这一概念的发明者，他后来被美国绿道运动（American Greenway Movement）的倡导者、国际著名风景园林规划师 Fábos 推崇为“美国绿道概念之父”。1865 年完成的加利福尼亚大学伯克利分校的校园设计是 Olmsted 绿道理念的发端处（Little，1990）。作为一个学术用语，greenway 一词最早由美国著名城市规划设计师 Whyte（1917—1999）于 1959 年在其著作 *Securing Open Space for Urban American* 中提及，他将 greenbelt 与 parkway 合并，提出了 greenway 这个词。1987 年，美国户外游憩总统委员会（President's Commission on Americans Outdoors）报告提出，美国户外资源保护现状堪忧。“开放空间（open space)、野生动植物和湿地资源在消失，往往是因为它们在经济发展中的价值没有得到认可。”所以，该报告关注了绿道在保护环境方面的价值，强调绿道的空间连接功能，以及为居民提供游憩机会。绿道为人们前往居住地附近的开放空间提供路径，并将美国景观中的城市与乡村空间连接起来，像一个巨大的“血液循环系统”一样将城市和乡村加以串联（Flink，1993)。第一位对绿道概念进行全面系统阐述的学者是美国著名环境学作家 Little。1990 年，他出版了畅销书《美国绿道》(*Greenway for America*)，其中他将绿道定义为：“绿道是一种线形开放空间，往往沿着自然廊道（如河岸、溪谷或山脊线）而建，或沿陆地上交通运输路线（如运河、风景道路或者其他线路）的路权所在范围而建，其功能转变为休闲游憩；任何为步行或自行车设立的自然或景观道；一个连接公园、自然保护区、文化景观或历史遗迹之间及其聚落的开放空间；一些局部的公园道或绿带。”Little 进一步将绿道划分为五种主要类型，包括城市滨河绿道、游憩绿道、具有生态意义的自然廊道、风景和历史线路、综合性的绿道和网络系统。Little 对绿道的定义同美国户外游憩总统委员会的基本观点一致，但他更加认识到，绿道的具体类型取决于地理位置、空间结构和应用目的。1995 年，美国绿道规划专家 Ahern 在回顾文献资料、研究和总结美国绿道规划项目实施的基础上，对绿道进行了重新定义：“绿道是为了实现生态、娱乐、文化、美学或其他与可持续土地利用相适应的多重目标，经过规划、设计与管理的线性元素所构成的土地网络。”该定义强调了五点：绿道的空间结构是线形的；连接是绿道的最主要特征；绿道符合多功能发展理念，包括生态、文化、社会和审美功能；绿道符合可持续发展理念；绿道是一个完整线形系统的特定空间战略（Ahern，1995）。在 20 世纪 90 年代初期，绿道仍然是一个具有多种含义的新词汇。虽然关于它的准确定义还有许多疑惑，但这个词已渐渐在美国与国际上的大众语言及政策规划中流行起来（Fábos et al.，1995）。随着 20 世纪 90 年代美国绿道规划和建设事业的蓬勃发展，相关研究成果日益涌现，对绿道的定义日趋简洁、准确和专业。如 Lindsey（1999）提出，绿道是位于河流、沟渠、山脊线、废弃铁路、景区道路等自然或人造景观沿线的一类线形绿色开放空间，具备生态、游憩、社会文化等多重功能。

欧洲绿道委员会（European Greenways Association，EGWA）提出的绿道概念具有较大的影响力，其内涵主旨包括：①专门用于轻型非机动车的运输线路；②已被开发成以游憩为目的或为了承担必要的日常往返需要（上班、上学、购物等）的交通线路，一般提倡采用公共交通工具；③处于特殊位置的、部分或完全退役的、曾经被较好恢复的上述交通线路，被改造成适合于非机动交通的使用者，如徒步、骑自行车、被限速或特指类型的机动车、轮滑、滑雪、骑马等（张云彬等，2007）。意大利学者托科利尼等认为，绿道是一个系统的路线体系，从环境的角度来看具有非常高的价值，其致力于创造一个无机动车的交通环境，拉近人与自然景观（自然、历史、文化等）和“生活中心”（上班、运动、休闲设施等）之间的联系，无论是在城市、郊区还是在农村（Cormier et al.，2011）。总体来看，与美国学者相比，欧洲学者对绿道的定义更加强调为通勤者或游憩者提供“无机动车的交通环境”，对绿道的空间连接功能显然没有美国学者那般重视。但毋庸置疑，尽管现代绿道的概念起源于美国，相关理念的起源地却呈现多元化特点。早期的绿道理念蕴含于多个词语之中，Hellmund 等（2006）对此做了一个总结，见表 1－1。从中可以看到，尽管绿道在功能、位置和名称表述方面存在较大的差异，但它们也存在一个共性——基本都是线状或线状构成的网络。近年，随着绿道运动的逐步普及，绿道术语的运用已经趋于统一。

表1-1　绿道及其相近术语

术语	目标或功能	实例
生物廊道（biological corridor or biocorridor）	保护野生动植物扩散（wildlife movement）、自然保护其他方面	横穿中美的中美洲生态走廊（Mesoamerican Biological Corridor）；墨西哥莫雷洛斯州的Chichinautzin生态走廊
生物沼泽带（bioswale）	过滤水流中的污染物	各地均有众多案例
保护廊道（conservation corridor）	保护生态资源、保持水质和（或）降低洪水危害	美国威斯康星州东南环境廊道
城乡融合交错带（Desokota）	交通网络密集的城乡融合区，大都市核心区向周边地区推进	印度尼西亚和中国
扩散廊道（dispersal corridor）	加速促进野生动植物扩散，也能够成为非主动加速野草扩散的道路廊道	美国俄勒冈州霍德山国家森林公园Juncrook区的猫头鹰扩散廊道；切萨皮克湾的青蟹海洋扩散廊道
生态廊道（ecological corridors）	加速动植物的扩散，或促进其他生态过程	美国北安第斯山脉巴塔哥尼亚区域生态廊道计划
生态网络（ecological networks）	加速动植物的扩散，或促进其他生态过程	中东欧的泛欧生态网络
环境廊道（environmental corridor）	维护环境质量	美国威斯康星州东南环境廊道
绿带（greenbelt）	保护自然或农业用地，限制或引导城市化	美国科罗拉多州布德市绿带；英国伦敦绿带
绿色延伸（green extensions）	通过建设一个居民使用的，由公共绿色空间、遮阴路、滨水路道构成的系统，让居民在日常生活中能够接触自然	中国南京
绿色构架（green frame）	为大都市或更大区域提供一个绿色空间网络	美国加利福尼亚州圣马特奥郡为将来发展绿色构架的“分享憧憬2010”（Shared Vision 2010）；埃塞俄比亚亚的斯亚贝巴绿色构架
绿色中心（green heart）	保护被建设区包围的大面积绿色空间。在荷兰，最早指某个特定区域，现其内涵已拓展	荷兰阿姆斯特丹、海牙、鹿特丹、乌得勒支等城市所包围的农业开放空间

（续上表）

术语	目标或功能	实例
绿色设施（green infrastructure）	具多重目的，保护道路等公共设施的绿色空间	美国马里兰州“绿色印迹”计划；查特菲尔德流域保护网络——科罗拉多州丹佛都市区
绿色手指（green fingers）	通过沼泽地过滤雨水	德克萨斯州休斯敦市的 Buffalo Bayou and Beyond for the 21st Century Plan
绿色连接（green links）	连接分散的绿色空间	英属哥伦比亚
绿色空间（greenspace or green space）	保护未开发的土地	北美拥有不可计数的绿色空间系统
绿色格局（green structure or greenstructure）	连接分离的绿色空间，在可能地区的周边提供绿色格局。该术语多用于欧洲	大哥本哈根绿色格局计划
绿脉（green veins）	通过小规模、多为线形景观元素的网络，帮助保护农业景观区的生物多样性	该术语多被荷兰、法国及其他欧洲国家的学者使用
绿楔（green wedges）	将绿色空间设计在接近居住区的核心地带，把开发区域分开。几乎是绿带概念的反义词	澳大利亚墨尔本；俄罗斯的 1971 General Plan for Moscow
景观连接（landscape linkages）	通过线状（包括河流）元素连接大尺度的生态系统	美国亚利桑那州皮玛郡 Critical Landscape Linkages
自然支柱（natural backbone）	促进生态过程	中欧、东欧
自然构架（nature frames）	提供游憩机会，保护水质，为城市规划服务，降低对环境的影响	立陶宛的自然构架
开放空间（open space）	保护未开发地区	北美各地不可计数的系统
游憩廊道（recreational corridors）	提供游憩机会	美国佛罗里达州希尔斯伯勒郡绿道系统；艾伯塔游憩廊道
河流或其他线状公园（river or other linear parks）	沿着河流或其他类型廊道，有的配套有风景道或步径	美国华盛顿市岩溪公园
风景廊道（scenic corridors）	保护风景	美国亚利桑那州斯科茨代尔市风景廊道；英属哥伦比亚克拉阔特海峡风景廊道

（续上表）

术语	目标或功能	实例
步行廊道（trail corridors）	提供游憩机会	美国东部阿帕拉契山脉步道
功用型廊道（utilitarian corridors）	提供实用型功能服务，如运河、电力线路等，但同时也保护自然、提供游憩机会	美国亚利桑那州凤凰城大运河
植物或河岸缓冲区（vegetative or riparian buffers）	通过种植或建设滨水线路，设置河流或水体缓冲区，保护水质	各地均有很多案例，特别是在美国中西部和加拿大的农业景观区
野生动植物廊道（wildlife corridors）	保护动植物在栖息地之间的流动	黄石—育空保护计划（加拿大和美国）；昆士兰州东南山脉—红树林野生动植物廊道（澳大利亚昆士兰州布里斯班）

资料来源：*Designing Greenways* ：*Sustainable Landscapes for Nature and People*（2006）。

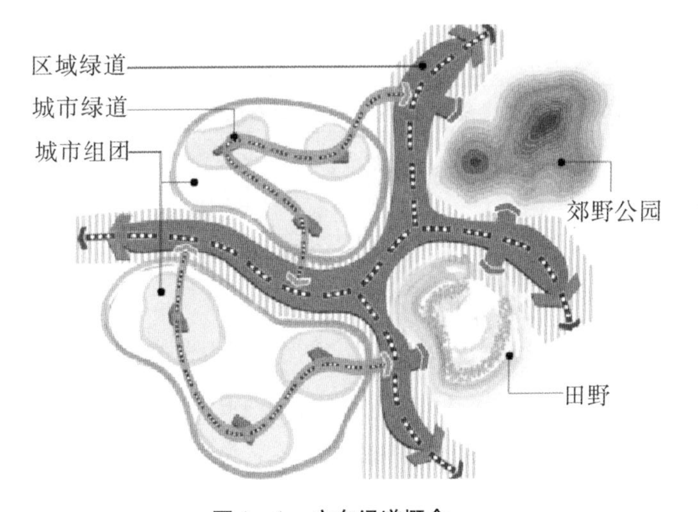

图 1－1　广东绿道概念

图片来源：《广东绿道体系的构建：构思与创新》（2013）。

将欧美学者所提出现代意义上的绿道概念较早引入中国，且在国内学术界产生较大影响力的，应为 2009 年由广东省住房与城乡建设厅、广东省城乡规划设计研究院编制的《珠江三角洲绿道网总体规划纲要》（以下简称《纲要》）。《纲要》指出：“绿道是一种线形绿色开敞空间，通常沿着河滨、溪谷、山脊、风景道路等自然和人工廊道建立，内设可供行人和骑车者进入的景观游憩线路，连接主要的公园、自然保护区、风景名胜区、历史古迹和城乡居住区等，有利于更好地保护和利用自然、历史文化资源，并为居民提供充足的游憩和交往空间。”《纲要》还提出，绿道主要由自然因素所构成的绿廊系统和为满足绿道游憩功能所配建的人工系统两大部分构成。绿廊系统主要由地带性植物群落、水体、土壤等具有一定宽度的绿化缓冲区构成，是绿道控制范围的主体。人工系统包括以下五个部分：①发展节点，包括风景名胜区、森林公园、郊野公园和人文景点等重要游憩空间；②慢行道，包括自行车道、步行道、无障碍道（残疾人专用道）和水道等非机动车道；③标识系统，包括标识牌、引导牌和信息牌等标识设施；④基础设施，包括出入口、停车场、环境卫生、照明、通信等设施；⑤服务系统，包括休憩、换乘、租售、露营、咨询、救护、保安等设施。总体来看，该定义较为完整地借鉴了欧美学者对绿道概念的阐述，内容精炼、准确且通俗易懂，有利于绿道概念在国内的普及。与欧美国家相比，该定义兼顾了绿道的游憩功能、社会经济功能和户外资源保护功能，更加强调“供行人和骑车者进入的景观游憩线路”的设计和为居民提供游憩机会，使其在政府推进的绿道建设实践中指导思想明确，具有良好的可操作性。2011 年广东省住房与城乡建设厅出台的《广东省省立绿道建设指引》对绿道构成部分的表述更为细化和明确，将绿道分为绿廊系统、慢行系统、交通衔接系统、服务设施系统、标识系统五大系统，涵盖 16 个基本要素（见表 1 – 2）。2013 年广东省颁布的《广东省绿道建设管理规定》（粤府令第 191 号）将绿道的定义进一步阐述为：“（绿道）是指以绿化为特征，沿着滨水地带、山脊、林带、风景道等自然和人工廊道建立的，可供行人或者非机动车进入的线形绿色开敞空间和运动休闲慢行系统。”国内的绿道规划者同时也将绿道建设作为城乡统筹发展的一项重要举措，如广东省城乡规划设计研究院总工程师、《纲要》编制工作的重要参与人马向明（2012）指出：绿道在加强人与土地之间的联系，公园、自然场地、历史遗迹与其他开放空间之间的联系，经济发展、环境保护与生活质量之间的联系方面，发挥着重要作用；绿道网建设串联了城乡景观资源与兴趣发生点，带来了乡村休闲旅游产业的发展机遇，为城乡的双向交流提供了新方式。

表 1 – 2　广东省绿道建设的基本要素

系统代码	系统名称	要素代码	基本要素	备注
1	绿廊系统	1 – 1	绿化保护带	
		1 – 2	绿化隔离带	
2	慢行系统	2 – 1	步行道	根据实际情况选择其中之一
		2 – 2	自行车道	
		2 – 3	综合慢行道	
3	交通衔接系统	3 – 1	衔接设施	包括非机动车桥梁、码头等
		3 – 2	停车设施	包括公共停车场、公交站点、出租车停靠点等
4	服务设施系统	4 – 1	管理设施	包括管理中心、游客服务中心等
		4 – 2	商业服务设施	包括售卖点、自行车租赁点、饮食点等
		4 – 3	游憩设施	包括文体活动场地、休憩点等
		4 – 4	科普教育设施	包括科普宣教设施、解说设施、展示设施等

（续上表）

系统代码	系统名称	要素代码	基本要素	备注
4	服务设施系统	4-5	安全保障设施	包括治安消防点、医疗急救点、安全防护和监控设施、无障碍设施等
		4-6	环境卫生设施	包括公厕、垃圾箱、污水收集、排污或简易处理等设施
5	标示系统	5-1	信息墙	参照《珠三角绿道网标识系统设计》规定执行
		5-2	信息条	
		5-3	信息块	

资料来源：《广东省省立绿道建设指引》（2011）。

1.1.2　绿道的类型

综合国内外相关研究，有关绿道的分类方法有多种，简述如下：

（1）按照等级和规模分类：《纲要》借鉴美国绿道的相关研究，将绿道分为区域绿道、城市绿道和社区绿道。具体定义包括：①区域绿道（省立绿道）是指连接城市与城市，对区域生态环境保护和生态支撑体系建设具有重要影响的绿道；②城市绿道是指连接城市内重要功能组团，对城市生态系统建设具有重要意义的绿道；③社区绿道是指连接社区公园、小游园和街头绿地，主要为附近社区居民服务的绿道。

（2）依据绿道的资源环境属性分类：Schwarz 等（1993）将绿道分为基于水面的、基于地面的、单人游憩为主的和多人游憩为主的等四种类型。王招林、何昉（2012）结合两侧的用地情况将城市绿道分为居住区型绿道、办公区（商务办公、行政办公等）型绿道、商业区型绿道、工业区型绿道、自然绿地（公园、街头绿地）型绿道、历史及遗址区型绿道、防护（城市、高速路、公路、铁路、河流水渠、城市干道防护绿地）型绿道七个类型。《纲要》将绿道分为生态型绿道、郊野型绿道和都市型绿道三类。

（3）根据绿道的功能分类：Fábos（1995）根据现实需要将绿道分为三类：①重要生态廊道与自然系统绿道。多数沿着河流、海岸、山脊线，维护生态多样性，保护野生动植物，支持自然科学研究。②游憩绿道。绿道及沿线景观具有较高的观赏游憩价值，可能位于城区或乡村，范围可能是地方、区域、全国甚至跨国境。③历史文化绿道。吸引旅游者，提供休闲、教育、观光和经济收益。在绿道沿线提供短暂或季节性的高质量住宿环境。同时，Fábos 也提出，在综合绿道网络中，三种绿道类型的界限也是日益重叠。Viles 等（2001）汇总了相关研究，依据绿道的主要功能将其分为六种类型，同时也强调各类型之间存在相互重叠的可能，具体分类见表1-3。Hellmund 等（2006）提出，绿道的主要功能限于游憩或保护环境，或二者兼有。以保护环境为主旨的绿道更多地选择在乡村地区，游憩型绿道更倾向于在市区范围内，特别是郊区。游憩型绿道最易为人所知，它们包括可供步行、骑自行车的游径，有时也可以作为组织运动项目和其他群体活动的场所。

（4）根据开发等级分类：美国马萨诸塞州的保护与休闲局（Department of Conservation and Recreation，DCR）2014 年编写的 *DCR Trails Guidelines and Best Practices Manual* 根据绿道的开发等级将绿道分为五类（见表 1－4），并以此为依据制订了对应的规划设计与建设对策。

表 1－3　Viles 等对绿道类型的划分

绿道类型	廊道类型	绿道的特征与功能
游憩型绿道（参考：Gobster，1995；Turner，1995）	线状、带状、溪流	沿自然与文化廊道而建；乡村和城市环境；良好的大众可进入性；高审美价值。包括：供步行、骑行、组织性体育活动使用的长距离的道路和游径；位于河流、运河、纤道、合适的铁路线沿线的线形城市公园；自行车道、高架公路、铺装路、海滨路、风景区道路等。
风景/历史/文化型绿道（参考：Bischoff，1995；Little，1990；Kent，Elliot，1995）	线状、带状、溪流	一般沿文化廊道（如公路、高速公路）或自然廊道（如水路）而建；乡村和城市环境；与历史、文化价值相结合；高审美、文化与历史价值；良好的大众可进入性。
生态型绿道（参考：Simith，Hellmund，1993）	线状、带状、溪流	沿自然廊道（如河流、小溪、山脊线）而建；往往在乡村地区；高生态和审美价值；通过保护、改造、连接和管理动植物栖息地，能够维持提升生物多样性；人们通过徒步旅行等形式可以接触与研究自然；部分或全部地区不对外开放；包括山脊廊道、高原廊道、生态道路、海滨路、野生动植物廊道。
滨水绿道（参考：Binford，Buchenau，1993；Smith，Hellmund，1993；Baschak，Brown，1995）	溪流	沿自然廊道（如河漫滩、溪流廊道、地下水进入/排出区域、湿地）而建；乡村和城市环境；高审美和生态价值；往往强调保护（如栖息地保护）和（或）游憩；往往具有良好的可达性；包括城市滨水绿道、荒芜的滨水区、海滨路。
城市缓冲区绿道（参考：Taylor et al.，1995）	带状	沿自然廊道（河流等）或文化廊道而建；介于城市和乡村环境（如城市边界区域）；高审美或生态价值；良好的大众可进入性；城市发展控制区；包括绿带、公园/景区道路等。

（续上表）

绿道类型	廊道类型	绿道的特征与功能
绿道网络（参考：Little，1990；Burley，1995）	线状、带状、溪流	往往沿自然廊道（如山谷、山脊）或文化廊道（如绿道和多类型开放空间的集合体，建设有为本地或区域服务的基础设施）建设；为连接整个系统而穿越多种地貌；能够包括以上所有类型。

资料来源：*How to Use Roads in the Creation of Greenways*：*Case Studies in Three New Zealand Landscapes*（2001）。

表 1－4　基于开发等级的绿道分类

绿道属性	绿道等级 1 未开发绿道	绿道等级 2 简易开发绿道	绿道等级 3 中等开发绿道	绿道等级 4 高度开发绿道	绿道等级 5 完全开发绿道
踩踏和车行状况	踩踏间断，痕迹不明显；需要查勘线路；本土材料	踩踏可识别且连续，但狭窄且不平；本土材料	踩踏明显且连续；宽度为单车道；基本上是本土材料	踩踏宽且平，少许不平整；宽度为双车道；本土或外地材料；地面可能硬化	宽度为双车道且双向通行；通常使用沥青或其他材料硬化路面
障碍物	多见障碍物；通道狭窄，有陡坡、岩石、树木等	偶然有障碍物；清除阻碍，界定线路，并保护资源；绿道上可能长有杂草	不常有障碍物；绿道周边清除了杂草	极少或没有障碍物；坡度通常小于 12%；绿道周边清除了杂草	没有障碍物；坡度小于 8%
建设特征和绿道元素	几乎不存在；排水是功能性的；没有建设架桥或步道	建设尺度小、数量少、规模小；排水是功能性的；建设勉强满足保护绿道的设施和资源；原始的步道和浅滩	绿道建设（围墙、台阶、排水、增高）较为普遍；为保护资源和通行需要建有绿道架桥；在荒僻地通常使用本土材料	时常建设；在水路上建设绿道桥梁；可能有绿道配套设施	建设持续，可能包括路缘石、栏杆、配套设施和木板步道；多配套排水设施、地下缆线等

（续上表）

绿道属性	绿道等级 1 未开发绿道	绿道等级 2 简易开发绿道	绿道等级 3 中等开发绿道	绿道等级 4 高度开发绿道	绿道等级 5 完全开发绿道
标识	最低程度地需要；通常限于法规和资源保护；没有目的地标示	基本的方向指引；通常限于法规和资源保护；很少或没有目的地标示	法规、资源保护和使用者提醒；交叉口或可能迷路地点设有方向指引；一般有目的地标示；可能有信息性和解释性标示	多类型的标示可能存在；信息性、解释性标示可能存在；绿道起点或有绿道通行信息	大量多类型标示存在；信息性、解释性标示可能存在；绿道起点多有绿道通行信息
典型游憩环境与体验	自然环境，无干扰；游憩范围多是原始环境	自然环境，本质上没干扰；游憩范围基本为原始或半原始环境	自然环境，基本无干扰；游憩范围多为半原始和半开发自然环境	可能是人工环境；游憩范围基本是半开发到已开发的自然环境	可能是高度人工环境；游憩范围基本是已开发自然到城市的环境；通常有游客服务中心或高利用率的旅游点
游径管理	低使用强度；技能高超的使用者，能轻松开展越野活动；使用者拥有高超的越野技能；一些行为和技能可能是难度极高的，不值得鼓励；水上游径的使用者需具备高水平的航行和划水技能	中低使用强度；中高技能的使用者，能克服恶劣环境；使用者具备一定的越野技能；游径适合多类型的使用者，但有挑战性，且涉及高技能；水上游径的使用者需具备中高水平的航行和划水技能	中高使用强度；拥有中级技能和经验的使用者；使用者具备最低程度的越野技能；对使用方式进行管理，保障适度轻松的游程；可进入性良好；水上游径的使用者需具备中低水平的航行和划水技能	高使用强度；具有初步技能和经验的使用者；使用者几乎不具备越野技能；对使用方式进行管理，保障轻松的游程；可进入性优良；水上游径的使用者需具备基本的航行和划水技能	密集使用；有限经验的使用者；游径的可进入性符合管理部门要求；包含有“步行道”

（续上表）

绿道属性	绿道等级 1 未开发绿道	绿道等级 2 简易开发绿道	绿道等级 3 中等开发绿道	绿道等级 4 高度开发绿道	绿道等级 5 完全开发绿道
维护频率和强度	不经常或无计划地维护；维护间隔通常是 5 年以上，或针对异常问题进行修复	对游径及其设施定期维护；维护间隔通常为 3 ~ 5 年，同时针对异常状况进行修复	在使用时段初期，清理游径，保证道路通畅。维护间隔通常为 1 ~ 3 年，同时对资源损坏，以及给使用者活动及体验造成重大负面影响的状况进行修复及改进	在使用时段，尽早清理游径；通常至少每年进行一次维护	每周维护一次，对不达标之处随时进行维护；重大损坏或安全问题通常在 24 小时内纠正或发布公告

资料来源：*DCR Trails Guidelines and Best Practices Manual*（2014）。

1.2　国外绿道发展概况

在美国，绿道作为景观规划的一个重要理念，19 世纪下半叶开始引起关注。绿道作为一类线形的设施，建设与维护的经济成本较低、占用土地较少，服务面积却很广，并能够为公众的出行提供便利，与传统的公园和绿色空间相比拥有无可比拟的优势（Lu，2014）。20 世纪六七十年代，美国发生了一次以生态理念为主旨的规模空前的群众性环境保护运动，使得景观设计领域盛行环保之风。这也为之后绿道的发展提供了保障与基础。威斯康星大学、宾夕法尼亚大学以及马萨诸塞大学的 3 个学术小组成为景观规划研究的主要中心，并且都发表了一些代表性的绿道规划成果，如 Lewis 的“环境廊道”（environmental corridors）理念和 McHarg 颇具影响力的著作 *Design with Nature*（1969）。Lewis 通过他在 20 世纪 60 年代早期研究的一种制图技术，在威斯康星州确认了 220 处自然和文化资源。当他和团队对资源进行空间分布绘制时，发现它们都集中在廊道附近，特别是河流和主要水渠附近，于是将这些地区命名为“环境廊道”（见图 1 - 2）。宾夕法尼亚大学的 McHarg 是 20 世纪 60 年代美国环境保护运动的领袖。他撰写的 *Design with Nature*，是景观设计领域的开山之作，该书被翻译成多种语言，在全球广泛传播。McHarg 所有的规划方案，包括书中收录的部分，都大量运用了绿色空间和绿道系统。美国现代绿道建设项目，都直接或间接地体现出这两位学者的重要贡献。进入 20 世纪 80

年代，因为城市开放空间的减少、公众户外休闲需求的增加，绿道更为引人关注。1987年美国户外游憩总统委员会《美国户外空间报告》强调了绿道给居民带来的接近自然的机会。1990年Little出版《美国绿道》，有力助推了美国的绿道研究，这本书的出版也被公认为是美国绿道运动的发端。有学者评论说，这本书影响力之大，可以与著名建筑师和规划师丹尼尔·伯纳姆（Daniel Burnham）的名言“不做小的规划”（Make No Little Plan）相提并论（Fábos，1995；Lindsey，2001）。Seams（1995）将美国城市绿道的发展历史分为3个阶段：第一代绿道的形态为林荫大道；第二代绿道则是游憩步道；新时期（约1985—1995年）绿道建设的目标更加多元化，除传统的美化环境和游憩功能外，其功能还包括野生动物保护、防洪、水源保护、教育、城市美化等。尽管绿道功能日趋多元化，但生态功能始终是美国绿道建设最为关注的问题。正如Flink（1993）所言，美国绿道运动的兴起，根源在于人口数量激增、乡村和自然资源日渐式微、污染问题日益突出，“人们开始清醒地认识到需要细心地管理社区、国家甚至是全球的自然资源”。随着绿道运动的兴起，美国民众对绿道功能的多元化的理解逐步深入。人们开始认识到，绿道能够为人们提供亲近自然、开展户外运动和休闲活动的便利场所，特别是城市地区的绿道，能够满足居民就近游憩（close-to-home recreation）的需要，还能够提升地产、房产价值，增加地方税收，且这些益处的获得对绿道的环境友好特性几乎没有影响，并且绿道能一定程度上拓展野生动物和植物的生存范围。

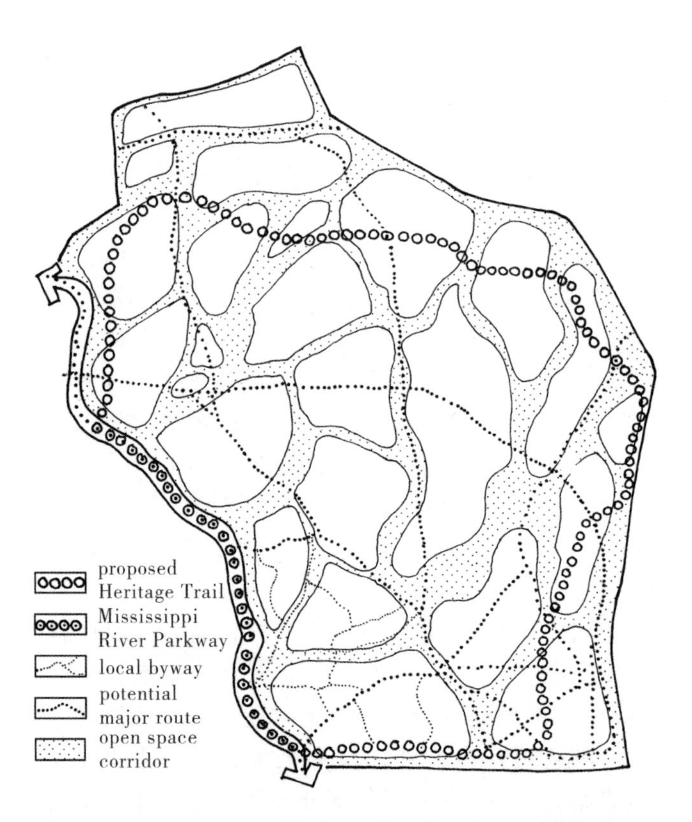

图1-2　1964年Lewis提出的威斯康星州遗产绿道计划

图片来源：*Greenway Planning in the United States: Its Origins and Recent Case Studies*（2004）。

1990 年，美国联邦公路局（Federal Highway Administration，FHWA）在报告中将骑行（bicycling）和步行（walking）描述为“被遗忘的交通方式”。在 1990 年之前的数十年，这两种交通方式很大程度地被联邦、州和地方交通管理部门所忽视。美国联邦交通基金每年花费在自行车车道和步行道项目的经费只有 200 万美元。同年，美国交通运输部（US Department of Transportation）出台了新的国家交通政策，首次提出：“鼓励规划者和工程师加强设施建设，为城区和城郊民众骑行与步行提供机会。”这项政策体现了美国对骑行和步行的日益重视。1991 年，美国国会拨款 100 万美元实施“全国骑行与步行研究项目”（National Bicycling and Walking Study，NBWS）。该项目列出了五项主要任务：①探究两种交通方式的发展存在哪些阻碍因素；②制订规划，增进安全性，分析实行规划的资源条件；③评估促进城区与城郊骑行和步行的经济成本与收益；④借鉴经验，评估交通运输部成功实施规划的可行性；⑤制订行动方案，包括时间表、财政等方面。1991 年的《联运地面交通效率法案》（*The Intermodal Surface Transportation Efficiency*，ISTEA）批准了数十亿美元资金应用于交通项目，其中也包括促进骑行和步行发展。美国在促进步行与骑行发展方面的资助金额由 1990 年的 600 万美元增长至 1997 年的 2.38 亿美元（Pedestrian and Bicycle Information Center，2005、2010）。在 20 世纪 90 年代的美国，绿道作为一种游憩产品，所拥有的良好经济效益，已经被广泛认可，包括地产价值提升、促进居民消费、商业发展、旅游业发展等（Flink，1993；Platt，2000；Rivers，Trails，and Conservation Assistance，1995）。特别是随着美国对城市周边开放空间与绿化带持续减少问题的特别关注，绿道作为一种土地保护战略，很快在全国范围内得以普及（Owen et al.，1991）。自 20 世纪 90 年代起，美国城市绿道建设开展得如火如荼，仅在 1995 年的美国北部就有超过 500 多个社区在实施绿道建设计划（Seams，1995）。美国绿道运动的兴起，主要体现在三个方面：第一，政府在绿道规划建设中的作用得以凸显；第二，绿道研究文献的数量大幅增加；第三，越来越多的规划师进入了绿道规划领域（Fábos，1995）。1995 年 10 月，城市与景观规划领域顶级国际期刊《景观与城市规划》（*Landscape and Urban Planning*）第 33 卷出版了绿道规划专刊，共包括 26 篇主要由北美地区的作者完成的论文，这些作者来自众多领域，包括景观设计与规划师、地理学者、生态学者、自然科学家、决策者和土地管理者等。该专刊于 1996 年 6 月以 Greenways：The Beginning of an International Movement（由马萨诸塞大学风景园林与区域规划系的 Fábos、Ahern 合编）为名由国际知名出版商爱思唯尔出版（见图 1－3）。该书的出版，也被 Fábos 认作绿道国际运动（International Greenway Movement）开启的标志性事件（Fábos et al.，2006）。

图 1－3 《绿道：一场国际运动的开启》封面

1998 年，美国白宫千禧年委员会（White House

Millennium Council)、交通运输部和“铁路—绿道”保护委员会（Rails-to-Trails Conservancy）等部门合作提出了“千禧年绿道”计划（Millennium Trails），旨在组织和推动绿道作为手段保护开放空间、宣扬历史和促进旅游业发展。在此推动下，超过2 000条横跨美国的绿道得以建设。除了“千禧年绿道”计划，景观设计者也把绿道建设作为解决城市问题的一个重要手段（Lu，2014）。2000年，美国马萨诸塞大学阿姆赫斯特分校园林建筑与区域规划系汇总了美国大陆绿道和绿色空间的总体分布状况，并提出了具体规划建议（Fábos，2004）。1998年，作为ISTEA的重新授权，美国国会通过了《面向21世纪交通公平法》（*Transportation Equity Act for the 21st Century*，TEA－21）。该法案也建立了持续的资金投入以扶持“游憩绿道项目”（Recreational Trails Program），专门为各州发展山体游憩绿道提供资金支持。至2004年，美国促进骑行与步行发展的资助金额迅速增至4.27亿美元，至2009年，资助金额则增加至12亿美元。总体来看，“全国骑行与步行研究项目”的开展是一个里程碑式的事件，使美国的骑行和步行进入了一个前所未有的发展时期（Pedestrian and Bicycle Information Center，2005、2010），旅行总数及所占总值的比重均实现了较大幅度的增长（见表1－5）。国内学者徐东辉等（2014）对美国绿道从公园道到开放空间系统再到绿道的演进路径及其经济社会背景做了梳理，将美国绿道发展史分为三个阶段：第一阶段，19世纪城市美化运动思潮下的城市内部公园道；第二阶段，20世纪保护植被和森林景色理念下的开放空间系统；第三阶段，20世纪末网络化绿道的出现和兴盛，这一时期的绿道才是现代意义上的绿道，兼具生态、休闲、景观和教育等多种功能。美国绿道的概念经历了从公园道到开放空间系统再到绿道的演变过程，从城市到区域，从休闲到生态与休闲相结合，每一阶段都继承了前一阶段的内容，并应实践的需要得以发展。

表1－5　1990—2009年美国步行与骑行旅程统计

年份	步行旅行数（10亿次）	占总旅行数比重（%）	骑行旅行数（10亿次）	占总旅行数比重（%）
1990	18.0	7.2	1.7	0.7
1995	20.3	5.3	3.3	0.9
2001	35.3	8.7	3.3	0.8
2009	42.5	10.9	4.0	1.0

数据来源：*The National Bicycling and Walking Study*：15－*Year Status Report*（2010）。

在欧洲，绿道的概念也较早地从美国引入，可以追溯到法国的boulevard和英国的greenbelt。以法国为例，Olmsted提出绿道概念不久，便被法国风景园林师Forestier（1861—1930）引入并发展。第二次世界大战之后，城市规划领域主要关注战后国家的重建，当务之急是重建住宅和交通基础设施，绿道概念进入衰弱期。1980—1995年，环境问题日益突出，绿道理念逐步回归（Cormier et al.，2011）。1998年，欧洲绿道委员会成立，为欧洲协作进行绿道研究、规划建设跨国绿道系统方面提供了重要的协调机制，绿道概念在欧洲得以“引爆”（Toccolini et al.，2006；张云彬等，2007），迄今绿道已经遍布绝大多数欧洲国家。在欧洲，绿道规划建设更多地体现在生态保护方面，建设有国家与全洲尺度的生态廊道、生境网络。尤其在英国，野生动物廊道的概念逐渐发展到绿色网络，强调野生生物线状开放系统的潜在疏导功能（李敏，2010）。值得一提的是，欧洲各国对于绿道建设的侧重点有所不同，如英国和意大利，重视绿道的休闲网络建设，而德国与荷兰则更为重视绿道生态功能（Lu，2014）。根据相关文献综合来看，在全球范围内，特别是在美国、加拿大、英国、法国、德国、西班牙、葡萄牙、荷兰、意大利、爱尔兰、俄罗斯、匈牙利、波兰、捷克、斯洛文尼亚、保加利亚、芬兰、爱沙尼亚、澳大利亚、新西兰、中国、日本、新加坡、菲律宾、韩国、土耳其、巴西、埃及等国家和地区，绿道的规划建设已经取得了巨大成就，且至今仍保持着良好的发展势头（周年兴等，2006；谭少华，2007；大卫·墨菲等，2011；Fábos et al.，2006；Mundet et al.，2010；Min et al.，2015；Akpinar，2016；Csapó et al.，2015；Kelley et al.，2015；刘畅等，2016）。

1.3　国内绿道发展概况

迄今所见，我国最早涉及绿道研究的文章为国内知名建筑学杂志《世界建筑》1985 年第 2 期刊登的对日本伊藤造园事务所设计的冈山市西川绿道公园进行介绍的文章。伴随着美国绿道运动的兴起，国内学者也开始对绿道给予了关注。叶盛东早在 1992 年便编译介绍了美国绿道的概念、益处、建设工程、经济效益、管理机构等情况。张文等（2000）从国内绿道研究的价值谈起，介绍了国外绿道的起源和发展历史、绿道在城市生态系统中的功能和近年河流绿道的规划案例，并分析了绿道面临的挑战，是国内最早从理论层面介绍国外绿道的文章。王志芳等（2001）用具体实例介绍美国遗产廊道的概念、选择标准、法律保障和管理体系以及遗产廊道保护规划应着重强调的内容，是国内首次介绍绿道的遗产保护功能。在研究初期，国内对 greenway 的翻译出现了各种不同的看法。车生泉（2001）、李团胜等（2001）和刘滨谊等（2001）以国外绿道研究的文献作为共同的研究基础，却分别用绿色廊道、绿道和绿道网络为主题，可以看出这一时期对于 greenway 的中文翻译尚未统一。1985—2008 年，绿道的相关研究逐渐增多，主要集中于国外绿道理论和相关规划方法的介绍及我国绿道建设规划的设想。但具体绿道建设实践活动则较少见，局部地区出现自行车道、海滨栈道、环城绿带等类型的绿道建设活动（蔡云楠等，2013）。2006 年我国著名景观生态学者俞孔坚在《景观与城市规划》杂志发表论文 *The Evolution of Greenways in China*，介绍了中国绿道的起源与发展。他认为，中国在 2 000 多年前就已经规划和建设了绿道，其功能主要是保护环境和促进农业增产，如早在周代，就有官员专职负责护城河两岸、田园道路的植树工作，但他也指出，目前中国很少关注绿道的游憩用途，尚未有专门为人们骑车和徒步旅行服务的绿道（Yu et al.，2006）。

与西方国家有所不同，国内现代意义的绿道建设更多地评估绿道在区域科学发展中所扮演的重要角色以及绿道的游憩功能和经济带动作用。2007 年，广东增城市[1]实施“全区域公园化”战略（目的是用公园化的理念统筹城乡规划建设，“在公园里面建城乡”），开始规划建设自行车绿道，首条绿道的铺设始于荔城街桥头村，增城大桥至八仙沙滩公园、全长 20 千米的绿道于同年 9 月建成并投入使用。2009 年 8 月，广东省有关部门联合起草了《关于借鉴国外经验率先建设珠三角绿道网的建议》。同年 11 月，省委领导指示“绿道是广东省实践科学发展观的重要举措，是珠三角城乡一体化的具体举措，是广东省的标志工程”，提出要把绿道与城际轨道的建设上升到践行科学发展观的高度，要求绿道建设“一年基本建成，两年全部到位，三年成熟完善”。随后，广东省陆续出台了《珠江三角洲绿道网总体规划纲要》《广东省绿道网建设总体规划（2011—2015 年）》《广东省省立绿道建设指引》等规划和标准，力推广东的绿道建设。在 2012 年联合国人居署“迪拜国际改善居住环境最佳范例奖”评选中，广东省珠三角绿道网建设项目获得全球百佳范例称号。2012 年 12 月，国家主席习近平在考察广州东濠涌绿道时对广东绿道建设作了高度评价：东濠涌以及遍布广东各地的绿道，都是美丽中国、永续发展的局部细节。如果方方面面都把这些细节做好，美丽中国的宏伟蓝图就能实现（胡键等，2013）。据《广东省绿道网建设总体规划（2011—2015 年）》，2015 年广东“全省约 8 770 千米的省立绿道网全部建成并投入使用，46 处城际交界面互联互通，各项配套设施全部到位，沿线绿化全面提升，覆盖全省的省立—城市绿道网络系统成熟完善，并与城市公共交通系统无缝衔接，成为城市慢行系统的重要组成部分；绿道各项管理规范化，综合利用常态化和品牌化”。

2011 年起，全国范围内多个地方纷纷借鉴广东省的成功经验，开展绿道建设，掀起了绿道建设热潮。2011 年 7 月，河北省出台了《河北省城镇绿道绿廊规划设计指引（试行）》，推动和规划了全省的绿道建设。2012 年，更是有多个省份也迅速启动了绿道建设工程。浙江省编制了《浙江省省级绿道网布局规划（2012—2020 年）》，明确提出了“一年启动推进、两年初见规模、三年形成网络”的目标，计划到 2020 年建成 5 500 千米绿道，实现“省域万里绿道网”的总建设目标。福建省编制了《福建省绿道网总体规划纲要（2012—2020）》，计划于 2015 年年底，完成福州大都市区和厦漳泉大都市区内的全部省级绿道建设及串联工作，海滨绿道基本建成并投入使用，其他省级绿道建成 60% 以上，基本形成全省绿道网主体框架；并计划到 2020 年基本建成省级绿道网，确保省级绿道互联互通，同时推进与江西、浙江、广东绿道的对接。安徽省制定了《安徽省绿道总体规划纲要》和《安徽省城市绿道设计技术导则》，计划到 2016 年全省绿道框架基本形成，全省设区城市和县（市）城区建成绿道 3 000 千米以上。江西省计划 2015 年将基本建成以城市绿道为基础，区域绿道为骨架的全省绿道网络，建成绿道1 500千米左右。2012 年 11 月，党的十八大报告中提出了“美丽中国”的概念，强调把生态文明建设放在突出地位，融入经济建设、政治建设、文化建设、社会建设各方面和全过程。在 2015 年 10 月召开的中国共产党十八届五中全会上，“美丽中国”被纳入“十三五”规

---

① 2014 年 2 月 12 日，国务院同意撤销县级增城市，设立广州市增城区，以原增城市的行政区域为增城区的行政区域。

划。绿道作为一类生态工程，符合生态文明理念，是践行建设“美丽中国”的重要手段，绿道建设得到了更大的普及。除以上提及的省份以外，据不完全统计，北京、天津、成都、绵阳、乐山、海口、南京、无锡、镇江、武汉、襄阳、重庆、漯河、信阳、南阳、桂林、海口、济南、日照、临沂、枣庄、潍坊、青岛、威海、济宁、太原、大同、晋城、西安、商洛、吴忠、乌鲁木齐、包头、大连等城市也已于近年开展或拟开展专门的绿道规划和建设。为了进一步规范和推动国内绿道旅游的发展，2014 年 12 月，国家旅游局发布了旅游行业标准《绿道旅游设施与服务规范 LBT 035—2014》，该标准规定了绿道旅游的基本要求、组成要素、设置要求、植物景观要求、设施设备要求、导向系统要求、代码要求及服务要求等。

使用百度“新闻”高级检索，以“绿道”为关键词，查询关键词“在新闻全文中”，限定搜索新闻的时间为 2007—2015 年，分别检索相关新闻数量，结果见表 1－6。由此可从侧面反映出中国绿道研究与建设的发展状况。2009 年，珠三角绿道网络建设起步，从而标志着中国绿道建设开启了崭新的一页。2010—2014 年的五年时间里，绿道建设在国内多个省份持续升温，相关新闻数量持续快速增长。与 2014 年相比，2015 年相关新闻数量增长了一倍多，这可以反映出中国的“绿道运动”进入了一个新的高速发展阶段。

表 1－6　以“绿道”为关键词使用百度“新闻”检索的文献结果（2007—2015 年）

年份	2007	2008	2009	2010	2011	2012	2013	2014	2015
检索数量（条）	45	51	188	1 930	3 180	5 080	9 040	15 800	36 200

注：检索日期为 2016 年 2 月 16 日 10：20。

尽管国内的绿道建设已步入快车道，但尚处于起步期。与美国绿道相比，国内绿道类型相对单一，多数为游憩型，建设的“自上而下”特点也更为鲜明。虽然在绿道的规划建设、法律法规领域取得了显著成绩，但在绿道的经营管理，特别是在市场化运作方面尚缺少成熟的经验和模式（见表 1－7）。

表 1－7　中国与美国游憩型绿道的特征比较

要素	美国	中国
规划建设	国家层面：国家游步径体系 区域层面：州与州之间的绿道体系规划（如新英格兰绿道体系规划） 地方层面：城市以及城市之间的绿道体系规划（如波士顿公园体系、马里兰州水上游览系统等）	国家层面：尚无 地方层面：跨省级绿道体系规划尚无；广东、浙江、福建、安徽等省级绿道网络规划；跨城市级规划如珠三角绿道网络规划、长三角绿道网络规划等；广州、成都、武汉等城市的绿道网规划

（续上表）

要素	美国	中国
法律法规	国家层面："千禧年绿道"计划、GAP分析项目、美国步行道系统、美国遗产河流协议等 地方层面：河流保护法案、地方性绿道法规等	国家层面：《绿道旅游设施与服务规范LBT 035—2014》 地方层面：众多省、市或县区颁布的《绿道管理办法》《绿道建设标准》《绿道管理与养护方案》《绿道建设技术规》等法规
资金来源	直接财政拨款（联邦、州及地方政府）；用于绿道建设的专项基金；发行绿道建设债券；建立绿道私人基金会，鼓励社会捐助等	直接财政拨款（地方政府：市、县、镇）；少量私人或企业赞助（以获取驿站经营权或其他使用权为前提）
管理制度	形成公园管理模式、联合机构管理模式、志愿者参与模式等一系列多样化的管理体系	以政府直接主导的公共管理模式为主；少量的企业参与管理

注：资料来源于《中美游憩型绿道建设及旅游开发的比较研究》（2015），作者对内容做了补充修改。

1.4 小结

通过对绿道概念与类型、国内外绿道发展历程的梳理，可以发现：

（1）绿道并不是一个现代产生的事物，而是数千年前已经存在了。与古代的绿道相比，现代意义的绿道功能更加多元，以游憩功能为主导的绿道是现代绿道的主要类型。尽管早期在现代意义绿道的概念表述方面存在很大的差异，但存在共性，皆为线状或线状构成的网络。

（2）现代意义的绿道起源于美国，作为景观规划的一个重要理念，19世纪下半叶开始引起关注。20世纪六七十年代的美国环境保护运动为之后的绿道发展提供了保障与基础。1987年美国户外游憩总统委员会《美国户外空间报告》强调了绿道给居民带来的接近自然的机会。1990年Little《美国绿道》的出版开启了美国绿道运动。随后的短短数年，绿道建设热潮迅速在全球范围内掀起。

（3）国内绿道建设的探索始于广东，绿道类型大多为游憩型。2007年，广东增城实施"全区域公园化"战略，开始规划建设自行车绿道。随后，广东省陆续出台了《珠江三角洲绿道网总体规划纲要》等规划和标准，力推绿道在全省的建设。2011年起，全国范围内多个省份或地区借鉴广东省建设绿道的成功经验，纷纷开展绿道建设，掀起了绿道建设热潮。近年来，党和政府日益重视生态文明建设，绿道作为一类生态工程，符合建设生态文明理念，是践行"美丽中国"战略的重要手段。

第2章　国内外相关研究进展

2.1　国内外绿道研究概述

伴随着欧美国家绿道建设的兴起及后来中国的引入与发展，周年兴等（2006）、谭少华（2007）、胡剑双等（2010）、罗琦等（2013）、叶强等（2016）、张亚琼等（2016）、赵海春等（2016）先后对国外及中国的绿道研究进展进行了总结。从以上文献可以对相关研究进展做出以下判断：①从20世纪80年代开始，国外绿道研究经历了三个阶段：第一个阶段是对绿道发展历史的研究；第二个阶段是对绿道规划设计的研究；第三个阶段是对绿道综合功能的研究。②中国作为“后起之秀”，在绿道研究领域已经出现了不少论文（见表2-1）、译著及专著，但具备理论创新的研究还较少。相较于基础理论研究的薄弱，国内绿道的实际应用研究较多，大致可以划分为以下五类：城市绿道规划设计研究、绿道旅游开发研究、绿道生态效益研究、绿道文化保护研究及国外先进案例研究。国内外绿道发展脉络前文已做了梳理，结合本研究需要，本章从绿道的功能与效益、规划设计两个方面对国内外绿道研究的概况做一个总结。

表2-1　以“绿道”为“篇名”使用中国知网“期刊”检索的文献结果（2007—2015年）

年份	2007	2008	2009	2010	2011	2012	2013	2014	2015
检索数量（条）	3	2	7	69	129	180	179	133	142

注：检索时间为2016年4月16日10：25。

相关学术研究中，绿道所具有的功能与综合效益较早引起关注。Little（1990）提出，绿道的建设实现了人与人之间、人与自然之间的连接，能够迅速为所在的城市、郊区及乡村区域带来经济、社会和环境效益。绿道的功能与效益主要体现在生态效益和社会经济效益两个方面：①生态效益。绿道的生态效益是绿道运动蓬勃发展的重要推动力。生态效益主要表现在：绿道维护了自然界的生态过程，具有防洪固土、清洁水源、净化空气等作用；绿道可以保护内部生境免受外部的干扰，成为生物保护的栖息地；绿道可以减轻景观的破碎化。尽管尚存一些争议，但更多的研究表明，绿道能够提供动物运动、植物扩散的通道，使物种在不同栖息地之间可以季节性觅食或种子扩散，增加物种基因交流，还可以通过在不同栖息地之间的迁徙来适应全球气候变化（周年兴等，2006；胡剑双等，2010）。②社会经济效益。首先，绿道能够增加商业收入和税收，提升地产价值，助推地产向内城发展（Little，1990；Platt，2000）。Nicholls等（2005）的研究表明，绿道在物业销售中有显著的正面作用，其中邻近绿道的物业升值更加明显。绿道对不同类型地域的地产溢价影响存在差异，影响最大的是以居住区为主的地域，其次是都市景观区，最小的是乡村景观区，其中对都市景观区的影响的内部差异程度最大（Munroe et al.，2004）。其次，绿道为人们提供了亲近自然、开展户外运动和休闲活动的便利场所。作为一种游憩产品，绿道所拥有良好的经济效益已经被广泛认可（Flink，1993；刘云刚等，2014）。再次，绿道建设能够提供工作岗位，促使污染企业搬迁，改善城市和社区面貌；为居民和旅游者提供新的生活方式，提供游憩机会；保护历史景观和文化遗产，促进废弃铁路等设施的保护和再利用；为儿童游玩和学习提供优良的自然环境；还可以作为与学校、操场和保护区相连接的安全走廊，拓展学生的活动领地（Iles，1993；Dawe，1996；Godfrey，1997）。

20 世纪 90 年代，绿道运动从美国起步，并迅速在世界范围内兴起了绿道建设热潮。源于实践的需要，大量的景观设计师、景观生态等领域学者从事绿道规划设计的研究，从而使规划设计成为绿道研究相关成果最为集中的一个研究领域。近 30 年来，学界涌现了大量规划设计的理论与案例研究，并出版了一系列的研究专著，如 Schwarz 等的《绿道：规划·设计·开发》、罗布·H·G·容曼等的《生态网络与绿道——概念·设计与实施》、Erbil 的 *Adapting Greenway Planning Strategy*、Hellmund 等的 *Designing Greenways: Sustainable Landscapes for Nature and People*、俞孔坚的《城市绿道规划设计》、蔡云楠等的《绿道规划——理念·标准·实践》、戴菲等的《绿道研究与规划设计》、弗里克·卢斯等的《绿道与雨洪管理》、徐文辉的《绿道规划设计：理论与实践》、交通与发展政策研究所（中国办公室）的《城市绿道系统优化设计》等。

2.2 国外绿道使用者研究进展

综合现有文献来看，绿道使用者（greenway user）的研究虽然不是国内外学者的主流研究领域，但也具备了一定的学术积累。当前，尚未见专门针对国外绿道使用者的相关研究的系统介绍，为此，本研究较为全面搜集了相关文献，对该领域的研究做了较为系统的梳理。

2.2.1 文献搜集

通过 ScienceDirect、Springer Link 等国外文献数据库以及 Google 学术搜索，以“greenway/trail/track”为题名、主题、关键词进行搜索，并对获取的文献逐篇识别，结果识别出符合绿道游憩主题的文献 63 篇。这些文献中，包括 2 篇研究报告、6 篇学位论文、54 篇研究论文（包括期刊、论文集、会议论文）、1 个著作专题章节。*Landscape and Urban Planning* 刊载绿道使用者研究论文数量最多，有 6 篇。此外，一些旅游休闲、健康甚至医学类的学术期刊也有发表此类文章，如 *Journal of Leisure Research*、*Journal of Sustainable Tourism*、*Journal of Physical Activity and Health*、*Preventive Medicine* 等。基于时间维度，发表于 1994 年之前的有 4 篇，之后数量不断增加。1995—2004 年 10 年间发表的文献有 18 篇，2005—2016 年的相关文献数量则达到了 41 篇（见图 2－1）。基于空间维度，美国 47 篇、西班牙 2 篇、澳大利亚 2 篇、爱尔兰 2 篇、英国 2 篇、新西兰 2 篇、加拿大 3 篇、瑞典 1 篇、土耳其 2 篇（见图 2－2）。基于研究方法维度，绝大多数文献是案例研究，定性与定量分析相结合，利用问卷调查、电话访谈、邮件访问、团体聚焦、直接观察、网络调查等方法获取数据，也有研究辅以 GPS、GIS、计数器等相关数据，多使用 SPSS 软件进行数据分析。该领域刊文较多的作者名录及其关注领域的统计见表2－2。

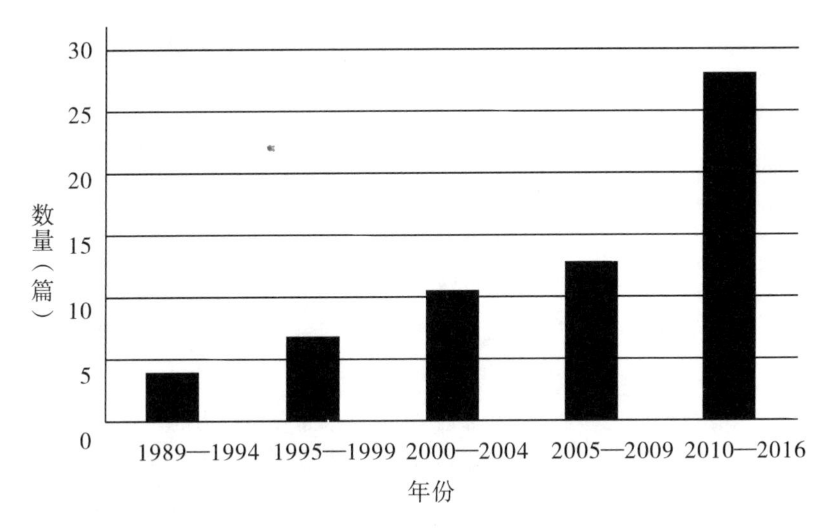

图2－1　1989—2016 年以来绿道使用者领域发文数

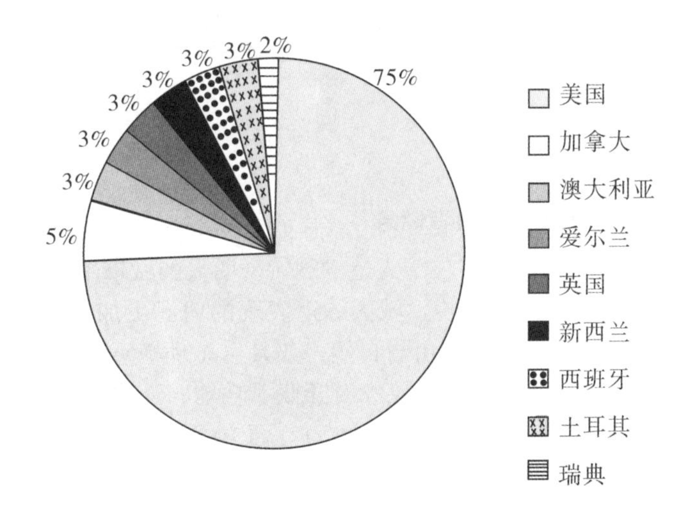

图2－2　相关文献作者的地域分布

表2－2　绿道使用者研究领域主要作者的研究内容概览

国家	作者	篇数	研究主题及时间
美国	Gobster	3	大都市绿道系统的使用与感知（1995）；城区绿道使用者的健身行为（2005）；城区森林公园绿道的老年人使用行为（1990）

（续上表）

国家	作者	篇数	研究主题及时间
美国	Lindsey	2	城区绿道的使用（1999，2004）
美国	Furuseth	2	使用者的人口学、社会经济、地域分布特征及对绿道的态度（1989，1991）
美国	Dorwart	2	游客对绿道环境的感知及其对使用体验的影响（2009）；城区绿道使用者的健身行为（2014）
爱尔兰	Deenihan	2	乡村绿道使用者的综合研究（2013）；配套设施对骑行者的影响（2015）
美国	Coutts	2	多民族地区绿道对民族关系的影响（2011）；绿道可达性对使用者健身行为的影响（2008）
土耳其	Akpinar	2	城区绿道使用者的认知与偏好（2014）；城区绿道使用的影响因素（2016）
美国	Davies	2	邻近与非邻近居民社区绿道使用行为的差异（2011）；游憩型绿道步行使用者的动机（2012）
美国	Moore	2	绿道使用与地方依恋（1994）；绿道使用中的冲突（1998）
美国	Shafer	2	游憩型和通勤型绿道使用者的绿道认知差异（1999）；绿道使用与使用者生活质量的关联（2000）

2.2.2 研究领域

2.2.2.1 城区绿道建设与使用者健身

城区绿道（urban greenway）多位于人造景观特征明显的城市聚落环境中，受到土地利用、建筑物、空间的多样化等影响，城区绿道表现的内涵更加丰富，功能更加复杂，目标更加多样。城区绿道既要融合城市与自然，兼具生态环境意义及景观价值；又要串联重要的公共空间，承担城市组团间游览、游憩联系功能；还要作为慢行系统的空间载体，在一定程度上辅助城市交通（Ahern，1995）。西方国家城镇化水平较高，绿道多为城镇居民服务，城区绿道的数量也占较大比例。城区绿道为邻近社区居民提供了更多元化的休闲和健身（physical activity）方式，如步行、骑行、滑板及到绿道周边游玩等。美国户外产业基金会对印第安纳州六个社区的调查发现：有半数的被访者会到附近的绿道参加户外锻炼；70%的绿道使用者是出于健康或锻炼的目的，近30%的绿道使用者是出于游憩目的，另有极少数出于社交或其他目的；绿道建成之后，社区居民的健身活动明显增加，尤其对于运动量不足的人群（如妇女），绿道具有重要的激励作用（Nadel，2005）。Librett 等（2006）就健身方式、绿道使用的相关因素、绿道发展所持态度等问题随机抽访了美国全境范围内的 3 717 个成年人，结果表明，12.7%的受访者每月至少使用绿道 1 次，24.3%的受访者至少每周使用绿道 1 次；43.6%的非使用者（nonuser）

建议增加公共空间供人们健身，36.4%的非使用者支持在所在社区建更多的公园和绿道；约50%使用频率较高的使用者认为，居住地接近绿道和其他绿色空间非常重要。

社区绿道的建设是促进居民健身活动的一个新兴方式，居民对绿道的认知与使用情况如何？Reed（2004）就此问题电话访问了美国东南部某郡居民。结果表明，居民绿道认知水平及使用与周边是否存在绿道之间没有明确关联，56%的受访者周边有绿道，但只有33%去使用绿道。在绿道使用者中，42%会规律性地从事“适度—高强度”的健身运动（一周中有5天以上时间在健身，每天健身时间大于30分钟），51%健身活跃度较低。总体看，社区居民对绿道的认知、使用水平是较低的，有必要实施营销方案，以提升年龄较大人群和使用频率较低人群对绿道的认知和使用。Fitzhugh等（2010）的研究则注意到，新建设绿道的城市社区与未建设绿道的社区相比，居民步行、骑行数量增加显著，而对上学等通勤数量则无明显的影响。此外，一些学者也关注了绿道建设对不同群体健身活动所带来的影响差异。Troped等（2005）对美国马萨诸塞州阿灵顿市城郊居民的调查也显示，绿道使用者以女性居多，79%的绿道使用者一周有3天以上会从事带有休闲目的的健身活动，这一比例远高于非使用者（47%）。以健身为目的的使用者往往会在小段绿道上长期有规律地进行跑步或散步等活动，他们对绿道的使用频率较其他目的的使用者高，这种绿道使用的常态化可看作“积极生活”（active living）的表现（Gobster，2005）。多用途绿道能够有效推动使用者的健身活动，但使用水平受到可达性的影响。Coutts（2008）使用GPS和GIS技术探讨了绿道可达性和健身活动之间的关联。可达性、人口密度和土地利用多样性决定了绿道节段的使用频率。把适于健身活动的绿道设置于临近人口集中区域并不意味着使用频率会高，还需要对应地增加周边土地利用的多样性水平。

2.2.2.2　绿道位置与使用行为

绿道的位置，特别是绿道与使用者居住地之间的距离远近，会对使用者行为产生不同程度的影响。Price等（2013）对密歇根州21条绿道的857名绿道使用者进行了调查，绝大多数被访者（92.6%）是从家前往绿道，行程时间在15分钟内（74.8%），可见绿道使用者以邻近社区居民为主。Zacker等（1987）对美国西雅图Burke-Gillman绿道使用者的调查发现，大多数绿道使用者并不是来自周边区域，约50%的骑车者是在周末通过自驾车将自行车运到绿道。因使用者覆盖地域较广，所以将该绿道被定义为区域（regional）型游憩设施。Furuseth（1989，1991）对北卡罗来纳州两条绿道的研究则得出了不同的结论。两条绿道具有明确的服务半径，大多数使用者居住在距离绿道8.05千米的范围内，且来自附近区域的使用者数量最多，随着距离和交通成本的增加，使用者数量逐渐减少，体现出了明显的距离衰减规律。因此，Furuseth认为，这两条绿道不是区域型游憩设施，而是“地区”（district）或“邻域”（neighborhood）型。但Lindsey（1999）则并未认同绿道服务半径为8.05千米的结论，他认为，不同的城区绿道节段（greenway segment）的使用密度（use density）与使用方式（use pattern）存在差异，节段的主要服务对象只是附近社区居民。Krizek等（2007）的研究证实了城区绿道骑行者（bicycler）数量的距离衰减规律，超过一半的骑行者到达绿道的距离小于2.5千米，超过此距离后骑行者数量大幅度下降。然而使用目的不同，也会影响距离衰减的程度，如以使用绿道沿线自行车服务设施为目的的使用者，到达绿道的距离就平均超出67%。Deenihan 等（2015）的研究也证实了服务设施的重要性，对比无配套骑行设施的道路，使用配套骑行设施的绿道时，近乎100%的使用者会增加他们的骑行时间，增加时间的幅度达到40% ~50%。Davis（2011）选择美国格林威尔市的 South Tar River Greenway 为研究对象，探讨了临近（proximate）绿道居民和非临近（non-proximate）绿道居民的健身活动和绿道使用方式。他将“临近”定义为与绿道距离在0.8千米以内，“非临近”则为距离在0.8千米至3.2千米。两类居民都将绿道使用与健身联系起来。临近绿道居民更多地在绿道上进行健身活动，而非临近绿道居民则更多地使用其他休闲设施（recreational amenity）。临近绿道居民更多地在绿道上进行散步和高强度健身活动（vigorous physical activity，VPA），包括跑步、快速骑车（fast biking）等。增加绿道的照明对于临近绿道居民在夜晚使用绿道具有很大的促进作用。此外，还可以有效降低犯罪行为、增强使用者的安全感知以及减少意外事故的发生。同时，绿道为临近绿道居民提供了人际交往的场所，有社交目的的临近绿道居民会更多地使用绿道而非其他休闲设施进行健身活动。

Gobster（1995）对芝加哥都市区13条绿道的使用者抽样调查显示，地理位置明显地影响着一条绿道被谁使用、如何被使用以及被使用的频率。他将13条绿道依据服务范围的不同分为本地（local）、区域（regional）和州（state）三级。5条本地绿道使用者大多是自己出行或成群结队出行，在绿道上散步或跑步，停留时间短但使用频率高。7条区域绿道和1条州绿道的使用者，通常以自驾车或骑自行车的方式到达绿道，使用方式更加多样，使用范围也更加大。尽管如此，但无论是在乡村还是在城市，绿道使用状况都会受到绿道长度、连接度、周边环境、影响力等其他因素的影响，不能将绿道位置与人口的距离作为单一的、决定性的因素。在市区范围内，绿道位置对使用行为和强度的影响在时间维度上体现得更为明显。Lindsey 等（2004）对2000年秋至2001年春的红外计数器所获取的印第安纳波利斯市多用途绿道的步行与骑行数据进行了分析，结果发现：在人口较多的市区，绿道通勤量也较大，周末高于休息日；高峰时段的绿道通勤量，工作日高于休息日；同一条绿道在不同位置的通勤量呈现出鲜明的差异。Akpinar（2014）探讨了土耳其城区绿道使用者的绿道使用频率和使用时间与绿道距离的关联性，证实了绿道距离和使用频率之间有显著的、较大的负相关性，而使用频率和使用时间之间存在显著的、较大的正相关关系。

2.2.2.3 绿道使用者的细分

正是源于使用目的和使用方式的多元化，绿道使用者的类型也往往不是单一类型。如根据使用方式的不同，绿道使用者可以分为散步者（walker）、远足者（hiker）、骑马爱好者（horseback rider）、皮划艇爱好者（canoeist /kayaker）和雪橇爱好者（skier）等类型。西方国家一般把绿道使用者分为两类：一是使用机动交通工具者，二是不使用机动交通工具者。两者又可以进一步细分成6个亚类：步行者（pedestrian trail user）、非机动交通使用者（nomotorized vehicular trail user）、非机动水上交通使用者（nonmotorized water trail user）、畜力交通工具使用者（pack and saddle animal trail user）、机动车使用者（motorized vehicular trail user）和水上机动交通工具使用者（motorized water trail user）。

一些学者探讨了城区绿道不同类型使用者在行为方面的差异。Price 等（2013）发现密歇根州21条绿道的大多数受访者（89.7%）使用绿道是以游憩为目的，学历较低的人、白人、成年人更多地主动前来，女性（73.3%）比男性（64.7%）更倾向于与其他人结伴前来。Anderson（2005）对加拿大艾伯塔省的贾斯珀国家公园内的一处绿道网络（使用者包括徒步旅行者、山地自行车骑行者、骑马者）的居民和游客进行调查，发现居民和游客的绿道网络使用行为存在较大差异。居民使用绿道的目的是健身（fitness），而游客对户外体验更感兴趣。与游客相比，居民更加重视绿道的游憩功能，对于绿道使用行为监管的支持程度偏低。Shafer等（2000）针对美国得克萨斯州三条绿道的研究将绿道使用者分为游憩型和通勤型两类，游憩型占绝大多数。对于绿道的积极影响，两类使用者关注的焦点有所不同。在游憩型使用者看来，城区绿道提高了居民生活质量，优化了土地利用方式，有助于提升居民自豪感。通勤型使用者更关注绿道对交通的影响，认为绿道有助于降低交通成本，使交通更为便捷，且减少污染。Mundet等（2010）对西班牙Girona绿道的研究进一步表明，旅游者与社区居民在绿道使用行为上有很大的不同，绿道对社区居民所产生的直接的积极效益远大于旅游者。在调查的绿道使用者中，本地居民占绝大多数，其使用绿道的主要目的是散步、慢跑、骑车，或者出于上班、上学等通勤需要。本地居民是绿道的日常使用者，而旅游者（平均路程为33千米）通常出现在节假日。尽管所占比例较小，但旅游者在餐饮、交通、住宿方面的消费频率要高于社区居民。规划一条游憩型步道时需要充分考虑多种类型使用者的需求。Davies等（2012）将城郊绿道（suburban greenway）步行者分为多目的游憩型、规律性使用型、偶然使用型三类，三类步行者对绿道的使用，都很大程度上取决于居住地与绿道之间的交通连接道路是否适合步行。Lu（2014）以北卡罗来纳州首府罗利市的城区绿道为研究对象，在Little Rock Trail等6条绿道上选取了15个绿道节段，调查了450位使用者，结果发现人们倾向于使用坡度较小、得到良好维护、距离近、周边土地利用模式多样的绿道。绿道规划虽然基本上依赖现有道路和溪流的走向，但社会因素同样也是影响绿道线路设计的重要方面。通勤者、游憩者和复合型使用者（mixed user）的城区绿道使用行为体现出明显不同的特点。与另外两种类型的使用者相比，游憩者一般使用时间更长，重游率较低，自驾车到访绿道的比例更高。不同的绿道线路设计，也会产生不同特点的使用者群体。Wolff - Hughes等（2014）对比了线形绿道（linear greenway）和环形绿道（loop greenway）使用者的行为差异。与环形绿道使用者相比，线形绿道使用者更多的是年轻人、男性和未婚者，他们使用绿道更多地将通勤功能纳入进来，活动运动量较大，主动前来绿道的使用者比例更高。Taylor（2014）以佛罗里达州的Whittier绿道为例，对比了中学生和小学生的使用行为。研究证明，绿道为学生提供了“活跃的交通”（active travel）方式，并鼓励学生从事健身活动，但中学生和小学生的使用行为存在一些差异。小学生是在成人监护下使用绿道前往学校或进行短距离旅行，中学生使用绿道的距离更远，单独使用绿道的机会更多。对于中学生而言，他们将绿道作为交通廊道前往朋友家、学校、公园及其他市内场所，他们基本与朋友一起、独自一人或与兄弟姐妹为伴，中学生大多与朋友或家人（主要是父母）一起锻炼身体。与小学生相比，绿道为中学生步行或骑自行车去学校提供了更多的机会。

2.2.2.4 绿道使用者体验

不少有关使用者体验的研究关注了影响绿道使用与体验的积极因素与阻碍因素。环境良好、位置方便、安全、铺装过道路、无机动车、里程标志牌的存在等都被认为是影响绿道使用与体验的积极因素。绿道的铺装质量和宽度也是一个重要因素，特别是在骑车、步行、慢跑等多类型使用者共用同一条绿道的情况下（Shafer et al.，1999；Neff et al.，2000）。Bialeschki 等（1988）的调查表明，在非绿道使用者中，20%源于对绿道缺少认知，其他阻碍因素包括距离绿道较远、时间不允许、信息获取不足、收入较低和健康状况较差等。在绿道使用者中，虽然很多人对饮用水、厕所等配套设施感到不满意，但总体满意度依然较高，对未来绿道的发展持支持态度（Gobster，1990）。Wolch 等（2010）选取芝加哥、达拉斯和洛杉矶 3 个城市，关注了城区绿道使用者的个人与环境阻碍因素。初始目的、健康状况、安全感知（perceived safety）、绿道距离感知、邻近社区连接性等因素被认为是影响使用行为与使用强度（use intensity）的主要因素。工作层次与地位、交通距离和身体障碍与绿道使用呈负相关。可见，增进居民的绿道认知和安全感知水平，改善绿道的可达性，有助于提高城区绿道的使用频率和时间。Reynolds 等（2007）对位于芝加哥、达拉斯和洛杉矶的 3 条多用途城区绿道的 17 338 位使用者进行调查，结果显示绿道使用的正面因素包括综合景观、街灯照明、良好的绿道状况、餐饮点及其他配套设施的存在，负面因素包括垃圾杂物、噪音、过高的植被密度、废水排放、附近存在荒野区域及隧道。Frauman 等（2001）将“手段—目的”方法（means - end approach）引入绿道使用研究中，发现铺装过道路、可进入性高、道路平坦、自由、兴奋、逃避等因素都是绿道使用中的积极因素。

也有一些学者尝试从使用体验角度来阐释使用者的行为。Moore 等（1994）以三条废弃铁路绿道为研究对象，建设模型试图解释游憩环境设施与地方依恋（place attachment）之间的关系。研究揭示：地方认同感可以很好地对绿道使用的时间、绿道活动对使用者的重要性以及使用者的地方依恋水平等因素进行测定；使用者的地方依恋水平可以很好地通过绿道距离、使用频率两方面来测定；使用者年龄、绿道距离、绿道活动对使用者的重要性是影响使用频率的三个重要因素。有关城区绿道研究大多集中于发达国家，而发展中国家的绿道使用研究尚少见。土耳其学者 Akpinar（2014）着眼于此，对土耳其城区绿道使用者的调查发现，绿道主要被用于散步（77.7%）、保持健康（74.1%）、运动（68.3%）、缓解压力和休闲放松（59.7%），饮用水（84.2%）和厕所（71.2%）等配套设施不足是当前绿道存在的最大问题。Akpinar（2016）还以艾登市的城区绿道 KUG 为研究对象，探讨了使用者的认知、偏好及使用影响因素等问题。结果显示：79.8%的使用者其居住地与绿道的距离在 1 千米以内，以休闲和健身为目的每天使用绿道 1 ~ 2 个小时；距离和可达性是影响使用频率的因素；照明、饮用水、休息设施、好的规划设计、清洁、安全、停车场等七个方面是影响使用时间的重要因素。Julian（2012）评估了使用者对美国南卡罗来纳州一处新建步行绿道的使用和认知情况，结果发现，使用者的空间分布和绿道认知、使用偏好之间具有明显的关联。Dorwart（2014）评估了老年人（65 岁及以上）的绿道使用行为。老年人可能只是看重绿道某些特定的能够为其提供健身机会的因素，尽管他们对绿道环境的行为反应有局限，但依然不会使其丧失使用绿道的资格。Dorwart 等（2009）基于美国最长的徒步旅行步道之一的 Applachian Trail 的研究提出了自然休闲体验模型（nature-based recreation experiences model），该模型包括使用者、感知（perceptions）、偏好（preferences）和满意度（satisfaction）四个组成部分，解释了生态绿道使用者体验的产生过程。

2. 2. 2. 5　绿道使用中的冲突

对于使用强度较大的绿道，使用者之间发生一些冲突不可避免，相关研究往往能够为绿道管理者提供很好的启示。Moore 等（1998）以美国俄亥俄州克利夫兰城郊绿道为研究对象，通过实地访问和后续邮寄问卷等方法，抽样调查了 438 位步行者、跑步者、滑板者和骑行者，总结了四类使用者之间的相互影响。在所获得的愉悦体验方面，四类使用者近乎无差异。使用者对与其他人以同一种活动方式使用绿道最为支持。活动方式之间的冲突大多只是限于个别活动类型，且冲突的数量也存在较大差异。跑步者与其他使用者群体矛盾冲突最少，而滑板者对其他活动群体产生的负面影响最大。对于步行者和跑步者来说，最大的问题是两个或两个以上的使用者并列前行，导致没有足够的空间允许通过。对于滑板者和骑行者来说，最多的抱怨是他们的速度太快以至于没有充足时间对前方的人发出警报，也有对滑板者技术不熟练和失控的担心。绿道管理者需要重视这些冲突问题并尽量减少这类现象的发生。当多类型使用者分享同一条绿道时，管理者需要从以下两个方面考虑他们的使用方式：一是这种使用方式对其他类型使用者有何影响，二是这种使用方式对同类型使用方式会产生什么影响。管理者需要从绿道设计、使用者教育、使用者参与、规章制定和执行等方面着手，以减少负面影响。Cessford（2003）对新西兰 Queen Charlotte Track 的 370 位步行者的调查表明，步行者令人出乎意料地支持山地自行车运动，令人意外的是，曾与骑行者发生冲突的步行者反而比未发生冲突的更加赞同骑行活动。

2. 2. 2. 6　使用者中的“少数民族”

随着绿道使用者研究的深入，一些美国学者也开始关注少数民族群体的绿道使用行为，进而探索绿道对文化认同产生的影响。Cronan 等（2008）以芝加哥林肯公园步道系统为研究对象，关注了拉美裔使用者的绿道使用行为。拉美裔使用者使用绿道的主要目的为休息、休闲和社会交往，最普遍的健身活动是步行。到访绿道的最重要的原因是与朋友和家人一起、户外运动、减少压力。大多数拉美裔使用者是在周末到访绿道，在目的地停留时间较长（近 5 个小时）。总体来看，绿道周边区域扮演了一个“拉美文化舞台”的角色，为拉美裔群体之间的交往交际提供了场所。Lindsey 等（2001）对印第安纳州印第安纳波利斯绿道使用情况进行研究发现，非洲裔、贫困阶层、无汽车群体、低于平均收入的群体更多地使用绿道。Coutts 等（2011）利用 GPS 和 GIS 数据探讨了密歇根州两条城区绿道周边民族混合社区的绿道使用行为。民族混合社区的绿道使用者并未刻意选择绿道的某个节段，以避开其他种族群体，这也证实了民族混居并未成为绿道使用的一个障碍，在城市公共空间中绿道成为一条促进民族融合的纽带。Deyo 等（2014）对美国部落地区（tribal land）绿道的研究发现：绿道能够强化文化身份，保护自然遗产；能够直接处理大多数美国印第安社区普遍存在的社会挑战；能够激发建设性合作关系的产生，包括个人、组织和政府层面之间。这类研究提醒绿道规划者，同成功鼓励民众健身一样，对于文化认同也应当给予足够的重视，以便绿道建设能更好地为数量不菲的少数民族群体服务。

2.2.2.7 乡村绿道使用者

乡村绿道使用者不仅包括社区居民，还可能包括数量众多的旅游者，甚至是旅游者占大多数。Schwecke 等（1988）对美国威斯康星州埃尔罗伊—斯巴达自行车绿道的调查发现，近 5 000 名受访者中有 48.7% 来自其他州，平均路程达 367 千米，骑自行车是大多数使用者首选的体验方式。骑自行车作为一类休闲方式，与乡村绿道结合紧密。Manton 等（2016）将绿道作为一类旅游资源，探讨了骑行者带来的经济影响。基于欧洲跨国绿道的 1 125 个骑行使用者的调查发现，人均每天花费为 47 欧元，住宿、饮食占绝大部分。该研究应用旅行消费模型（Travel Cost Model）评估了骑车使用者的绿道休闲价值，骑车使用者的消费剩余（consumer surplus）为 77 欧元，为总价值的 83%。造成消费剩余较高的主要原因是，使用者将绿道作为一类公共游憩资源，认为不应存在收费现象，也不需太多花费。2009 年起，爱尔兰着力推进“在乡村地区为游憩行为提供骑行交通网络”。位于爱尔兰西北部乡村地区的 Great Western Greenway 正是在这一背景下建成。绿道全长 42 千米，沿途有多个乡村。Deenihan 等（2013）对该绿道的研究表明，绝大多数使用者为旅游者，而且有相当数量的旅游者来自国外。通过对智能自行车计数器采集的数据进行分析发现，绿道使用强度的年变化、月变化、周变化、日变化呈现出一定的规律性。2011—2012 年，Great Western Greenway 日平均骑自行车者数量为 471，而工作日日平均骑自行车者数量为 450，周末较高，为 494。相比冬季模式（winter timemodel），夏季模式（summer time model）的绿道使用强度更高，日平均骑自行车者数量较冬季高出 34.4%。就日变化而言，在冬季，早晨 7 至 8 点、下午 1 点、下午 4 点至 6 点是骑自行车者使用绿道的高峰期；在夏季，下午 1 点到晚上 8 点是使用绿道的高峰期。同时，降水、温度、风速、日晒等自然因素对绿道的使用均产生重要的影响。

一些学者也就城区与乡村绿道的使用者行为与体验做了对比研究。Siderelis 等（1995）、Lumsdon 等（2004）的研究发现，使用者在乡村地区的经济花费明显高于城郊地区，且停留时间越长，对附近乡村的经济贡献越大。Pettengill 等（2012）对美国新英格兰地区北部三条绿道的调查显示，绿道的使用密度和景观特征（landscape character）对使用者的绿道服务水平（level of service，LOS）[①] 满意度具有重要影响。当使用者在一定面积内碰到的其他使用者数量越多时，对应的 LOS 级别也随之提升，使用者的体验满意度也由“可接受状态”（acceptable condition），即 LOS A 和 LOS B，进入“戒备状态”（cautionary condition），即 LOS C 和 LOS D；随着其他使用者数量的进一步增加，便超过了使用者的“最大可接受状态”（maximum acceptable condition），进入了 LOS E 和 LOS F 阶段（见图 2－3）。当在 300 平方米范围内使用者数量达到 10～20 个时，便跨过

---

① LOS 是美国交通运输部的一项指引交通规划的概念性体系，旨在建设“快速、安全、有效率、可达性高、方便的交通系统”。LOS 是将使用者的喜好以某种等级划分，分为 A～F 六个级别。A 级别表示最好的或最受欢迎的，反之，F 级别表示道路不能达到为使用者提供最低限度服务的要求。

了使用者的“最大可接受状态”。使用者对绿道沿线的自然景观更加偏好，随着自然区域、乡村、城郊、城区等景观特征的改变，使用者满意度相应地降低。从两个指标可看出，使用者对使用密度较低的乡村绿道的体验满意度高于城市。

LOS A
步行空间>60ft^2/p，流动速率≤5p/min/ft
使用者可以随意前行，没有其他人干扰。步行速度可以自由选择，使用者之间无冲撞。

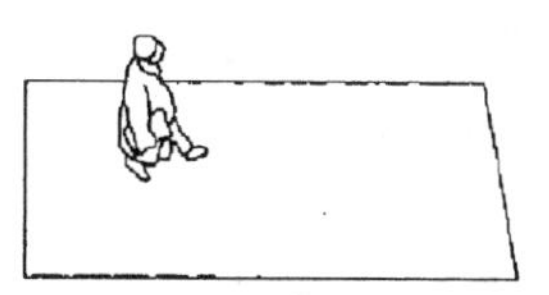

LOS B
步行空间>40~60ft^2/p，流动速率＞5~7p/min/ft
有足够空间供使用者自由选择速度、赶超其他使用者、避开冲撞。开始警觉其他步行者的存在，选择步行路径时会考虑其他步行者的存在。

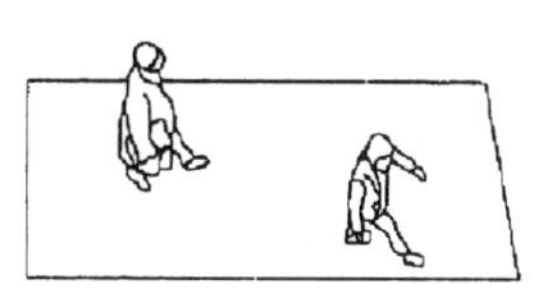

LOS C
步行空间>24~40ft^2/p，流动速率＞7~10p/min/ft
有足够空间供使用者正常速度行走，在较为无序的人流中绕过其他使用者。使用者反向行走或横穿时会有轻微的冲撞，速度和流动速率有点低。

LOS D
步行空间>15~24ft^2/p，流动速率＞10~15p/min/ft
使用者自由选择步行速度和赶超其他人受限制。横穿或反向移动会面临很大可能性的冲撞。速度和位置经常需要改变。

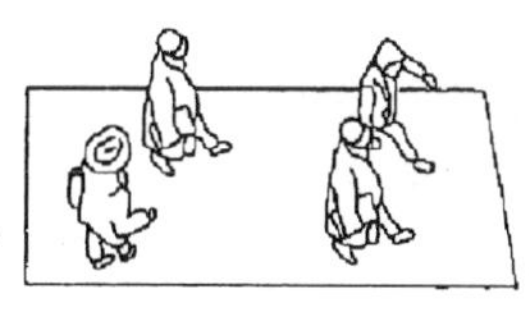

LOS E
步行空间>8~15ft^2/p，流动速率＞15~23p/min/t
所有使用者需限制正常步行速度，时常需调整步态。有时只能拖脚前行，没有足够空间赶超速度慢的使用者。横穿和反向行走非常困难。

LOS F
步行空间≤8ft^2/p，流动速率变动幅度大
步行速度受到严重限制，只能拖脚前行。与他人接触时常不可避免，横穿和反向行走几乎不可能。

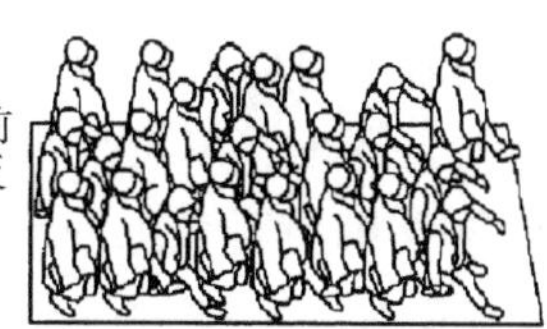

图 2－3 美国运输研究委员会《道路通行能力手册》（2000）对 LOS 等级的划分

图片来源：*Traveler Perspectives of Greenway Quality in Northern New England*（2012）。

2.3 国内绿道使用者研究综述

总体来看，我国绿道使用者相关研究还较少，理论探讨尚不够深入。我国的绿道建设还处在发展阶段，现有研究也足以证明，国内使用者对绿道的认识尚处于初级阶段，使用频率和使用习惯不同于国外。

2.3.1 绿道使用者的行为与体验研究

近年来，国内一些学者开始关注绿道使用者的行为与体验问题，其中大多数研究是基于珠三角绿道的实证研究。吴隽宇（2011）对增城绿道荔城段的调查研究发现，使用者中1/3左右是本地居民，主要选择骑自行车或步行到达；在外地游客中，绝大多数选择机动车作为出行方式，也有小部分健身爱好者骑自行车到达；大多数使用者是在周末以及节假日，以群体组织的方式到绿道游玩。杨香花等（2011，2012）对佛山绿道使用者的调查显示，绿道建设项目得到了多数公众的肯定，满意度较高的项目主要有绿道沿线绿化、沿线垃圾桶的设置、绿道线路的安排等硬件设施建设，而绿道沿线路面卫生状况，绿道河流、水体干净程度，绿道沿线商店、摊位的服务情况，绿道沿线的治安服务以及绿道公交接驳等服务方面则重要性较高而满意度偏低，需要重点加以改善；居民对绿道使用率不高、使用时间不长，使用者对绿道的功能认知主要停留在改善环境和提升城市形象层面。郭栩东（2013）对广东省省立1号线肇庆段绿道使用者的调查发现：使用者对绿道的认识与理解差别性较大，中老年使用者对绿道理解较为透彻，高学历使用者对绿道经营理解较为全面。使用者选择游憩活动主要基于以下几点考虑：外界舆论影响、游憩地景观、地方文化特色、安全性考虑等。低龄、未婚人群会更加重视外界舆论影响、解决特定问题等方面，而非低龄、已婚人群则会更加重视游憩地景观、安全性、地方文化特色等方面。余勇等（2013）以肇庆星湖自行车绿道为例，从过程和结构两个视角探讨自行车骑乘者休闲涉入、休闲效益、幸福感之间的结构关系，实证研究发现，自行车骑乘者以行为涉入为主，骑乘所带来的生理效益、社会效益显著，骑乘活动的幸福感源于3个途径：休闲涉入、休闲效益的直接影响和休闲涉入通过休闲效益所产生的间接影响。在结构中，休闲效益具有中介变量的性质，虽然休闲涉入对幸福感具有正向影响，但经过中介变量的转换后，间接效果更为显著。吴隽宇等（2014）在广州、增城、深圳、东莞、珠海5个城市的绿道范围内的主要景点和沿途驿站对绿道使用者做了调查，发现绿道使用者主要以青年为主；大部分使用者是以群体组织到此，例如自发性的学生群体、一家人自驾车、单位组织的“绿道自行车游”；游客对绿道的总体满意水平呈中等水平，有70%的游客表示一定会或可能再来。罗晓莹等（2014）对韶关市两条社区绿道的使用者调查显示，使用者总体感觉比较满意，表现在沿途风景优美、环境舒适度良好、建设质量优良及到达便利等方面。但也存在不足之处，环境安全性、管理服务、配套设施、社区绿道密度、宣传工作等方面仍有较大改善空间。梁明珠等（2012）以广州市为例，通过问卷调查方法，探讨了市民对都市型绿道的感知及满意度，对满意度影响最大的因子依次为生态景观、通达性和配套设施。卢飞红等（2015）关注了小尺度绿道系统的使用者，以南京市环紫金山绿道为研究对象，分析了城市绿道使用者的使用行为和满意度。吕毓虎等（2016）以广州大学城为例探究了不同学科专业大学生参与绿道休闲运动情况的差异。调查表明，不同学科专业与休闲持续时间、每周休闲运动次数、满意度之间相关度不高；不同学科专业大学生参与绿道休闲运动与所受的专业健康教育有关；绿道能在一定程度上促进大学生进行休闲运动。

2.3.2　绿道休闲服务供给机制研究

一些学者基于使用者体验水平提升目的，探讨了绿道休闲服务供给机制问题。陈淑莲等（2015）以增城绿道为研究对象，对绿道休闲服务供给机制进行了探讨，她认为，由于使用者总体需求结构的差异，不同类型的绿道形成了相互区别的休闲服务供给机制。因此，绿道使用者的需求结构是绿道供给机制的根本推动力。都市型绿道以本地居民为主，其需求结构以公共休闲为主，形成“政府主导，市场和社会补充”的供给模式；近郊型绿道中居民和游客大致各占一半，其需求结构既有公共需求，也有市场需求，两者基本不分上下，形成“政府和市场并重，社会补充”供给模式；远郊型绿道则以外来游客为主，其需求结构以市场休闲为主，形成“政府提供资源并监督，市场运营管理”供给模式。朱为斌等（2015）选取游憩型绿道作为研究对象，结合旅游畅爽理论和需求层次理论，提出将游憩型绿道作为景区开发的理念，从旅游开发的视角进行绿道建设，丰富绿道的旅游内涵，提升旅游者的旅游体验，以此适应“大旅游时代”中游客不断增长、多样化、多层次的需求。

2.4　小结

伴随着绿道运动的兴起，绿道功能与效益、规划设计等领域的相关研究取得了大量成果。相比而言，绿道使用者相关研究的学术积累较为薄弱。总结国外绿道使用者研究的历程、内容和方法，发现该领域在过去20余年的时间，相关研究取得了长足的进展，呈现以下特点：①起步晚，发展较快，与绿道建设实践同轨。20世纪八九十年代起，伴随着美国乃至国际绿道运动的兴起，在绿道研究领域有越来越多的学者开始关注使用者问题，其中以美国学者的研究成果居多。总体上看，绿道使用者的研究成果近年不断增加，研究地域日趋全球化，现已成为绿道研究的一个重要领域。②研究视角逐渐专注，内容不断深化和细化。早期的研究多是关注绿道使用者从哪里来、怎么来、如何使用和评价绿道等问题。近年的研究关注的问题日趋细化、深化，如对绿道使用者的群分、不同类型绿道的使用行为比较、绿道的使用体验、绿道对土著文化的影响、乡村绿道者的使用行为等方面都有一些深入的探索。③实证研究为主，研究方法趋于多样化。绝大多数学者都是选择一条或多条绿道为研究对象，通过问卷调查等途径获取数据，进而进行定性与定量分析，运用的技术手段日趋增多。就国内而言，绿道概念的引入至今仅30余年，建设历史绝大多数尚不足10年，对绿道理论与规划建设的研究积累尚显薄弱。国内绿道使用者的研究还处于初步阶段，为数不多的相关研究多关注珠三角地区绿道，内容侧重于使用行为和体验满意度。但是，一些研究对使用者的描述大多为“公众”

“市民”“消费者”或“游客”等，尚不能等同于国外研究中的“使用者”。并且，现有的一些研究尚存在一些不足，致使研究结论可能有所欠缺、尚显粗放：①调查地点的选择过于随意和宽泛。往往以大尺度绿道系统为研究对象，而对不同绿道节段使用行为的差异考虑不足。还有一些研究选择的绿道案例地建成时间较短，使用者群体市场尚不够稳定和成熟，研究结果难免因此会存在一定偏差。②使用者的细分问题缺少考虑。在不同类型、不同区域、不同景观设计的绿道，使用者的行为和体验必然存在较大差异，统而论之必然不够合理。此外，带着不同使用目的前来的使用者的行为与体验方面的差异，也缺少较为深入的探讨。

基于对国内外相关研究成果的梳理，可以得出“五个较多，五个不足”的基本判断：绿道使用研究的实证研究较多，理论的探索尚不足；发达国家绿道的研究成果较多，而对发展中国家的关注不足；城区绿道使用的研究较多，而对其他类型绿道的关注不足；大尺度区域绿道使用的研究较多，而对小范围绿道节段的关注不足；单类型绿道的行为与体验研究较多，而对多类型绿道的对比研究不足。

第 3 章　研究思路与方法

3.1　研究区域的选择

3.1.1　广州市绿道建设的历程

在我国，对现代意义绿道的探索始于广州，广州绿道的最早规划建设区域则是增城区。2007 年，增城实施“全区域公园化”战略，开始建设自行车绿道，增城大桥至八仙沙滩公园全长 20 千米的绿道于当年 9 月建成并投入使用。作为自行车绿道建设的探路者，增城的经验首先是“绿道为藤，以藤结瓜”，设计适当路线，将白水寨、小楼人家、莲塘春色、增江画廊等核心景区以及增江河沿岸风光、田园风光、山林风光和农家风光融入其中，使自行车道宛如“飘落在翡翠绿洲中的彩缎”。其次，增城还实施“造瓜连藤”。当地沿途规划设计了风格迥异的 4 种观光带和 8 个不同景观的主题路段，形成了“绿上添花”的独特景观（雷岳，2015）。增城绿道的建设，以一种全新的角度推进了城乡一体化发展，吸引了大量的城镇居民到乡村休闲健身、旅游消费，带动了农村经济社会发展，促进了农民就业创业，提高了农民收入，形成了新的经济增长点。增城绿道建成后，对旅游产业发展的带动作用显著。据统计，增城市旅客从 2009 年的 1 189.9 万人次迅速增加到 2011 年的 1.7 亿人次，旅游收入从 25.17 亿元增加到 42 亿元（吴敏，2012）。

鉴于增城绿道的成功实践，广东省相关部门开始着手在更大区域范围内筹建绿道。2009 年 4 月，在广东省委政策研究室、广东省住房和城乡建设厅联合编写的调研报告中，首次提出了在珠三角地区建设区域绿道网的构想。2010 年 1 月，广东省委十届六次全会将珠三角绿道网络的建设目标定为“一年基本建成，两年全部到位，三年成熟完善”。会上，省委领导专门就绿道网络建设进行了总动员，并明确指出，广东省将绿道分成省立绿道和市立绿道两个层级，前者为连接城市与城市之间的绿道，后者为城市内部的绿道。2010 年 2 月，广东省政府批准《珠江三角洲区域绿道网规划纲要》（以下简称《纲要》）。《纲要》提出，从 2010 年起广东将用 3 年左右时间，在珠三角地区率先建成总长约 1 690 千米的 6 条区域绿道。同时，在调整完善城市绿地系统规划的基础上，各市也将规划建设城市绿道与社区绿道，与 6 条区域绿道相连通，形成贯通珠三角城市和乡村的多层级绿道网络系统。自此，珠三角 9 市的绿道规划和建设工作全面展开。广东省从而也成为国内首个引进绿道概念并推行绿道建设的省份。2010 年 5 月，省住房和城乡建设厅发布了广东绿道的统一标识（见图 3 – 1）。在政府部门的大力推动下，截至 2011 年 1 月，《纲要》确定的 6 条区域绿道主线全线贯通。至 2012 年，以广州为中心的珠三角绿道网络已经由最初对欧美国家绿道建设经验的借鉴，到逐步完善相关配套政策和规划建设指引，初步形成了绿道从规划选线、建设实施到运营管理的运作体系，使建设绿道成为一项切实的民生工程，得到社会各界的认同，也成为国内兄弟城市争相学习的对象。

图 3－1　广东绿道标志

图片来源：广东绿道网。

为落实《纲要》对广州市绿道网建设的要求，2009 年 12 月，广州市规划局委托广州市城市规划勘测设计研究院开展《广州市绿道网建设规划》的编制工作。该规划方案于 2010 年 5 月中旬上报至市政府获审议通过，6 月中旬在省厅召开的“珠三角各市绿道网总体规划审查会”获得通过。在此规划方案的指导下，至 2010 年，广州市共完成绿道建设 1 060.7 千米，沿线建成驿站和服务点 99 个，串联全市 234 个主要景点、98 个镇街、42 个亚运场馆，覆盖全市 1 800 平方千米，服务人口达 700 万。根据《广州市绿道网建设规划》，广州市的绿道控制区总面积为 134.2 平方千米，其中生态型绿道控制区 76.2 平方千米，占 56.8%；郊野型 31.4 平方千米，占 23.4%；都市型 26.6 平方千米，占 19.8%。绿道控制区大部分位于基本生态控制线内，面积为 121.4 平方千米，占总面积的 90.5%；小部分位于线外，面积为 12.8 平方千米，占总面积的 9.5%（见表 3－1）。

表 3－1　广州市绿道网建设规划（2010）

绿道类型	绿道建设规划内容
区域绿道	区域绿道规划总长 526 千米。其中：①海滨绿道（省 1 号绿道）：佛山—沙面—珠江前后航道—大学城—莲花山—亚运村—黄山鲁—南沙湿地—中山，长度 163 千米。②流溪河绿道（省 2 号绿道）：流溪河沿线，长度 127 千米。③天麓湖绿道（省 2 号绿道）：流溪河—帽峰山—天麓湖—东江—东莞，长度 53 千米。④增江绿道（省 2 号绿道支线）：流溪河—白水寨—增派公路—增江河—东江—东莞，长度 113 千米。⑤莲花山绿道（省 3 号绿道）：佛山—滴水岩、大夫山—长隆—余荫山房—莲花山—东莞，长度 38 千米。⑥芙蓉嶂绿道（省 4 号绿道）：芙蓉嶂水库—新街河—巴江河—沙面—滴水岩、大夫山—佛山顺德，长度 32 千米。
城市绿道	共 20 条，长度 395 千米。包括增城市城市绿道、海鸥岛城市绿道、白坭河城市绿道、广从路城市绿道、长洲岛城市绿道、龙头山城市绿道、大沙河城市绿道、环大坦沙城市绿道、浣花路城市绿道、萝岗区城市绿道、车陂涌城市绿道、东濠涌城市绿道、新城市中轴线城市绿道、珠江前航道北城市绿道、珠江前航道南城市绿道、珠江前航道西城市绿道、花地河城市绿道、海珠涌城市绿道、沙河涌城市绿道、猎德涌城市绿道。

资料来源：《广州市绿道网建设规划》（2010），表格作者自制。

2012年，广东省住房和城乡建设厅组织编制出台了《广东省绿道网建设总体规划(2011—2015年)》，根据此规划，经过广州的区域绿道包括省立1号绿道、2号绿道、3号绿道和4号绿道，主线长约377千米，直接服务人口约640万。具体线路走向、驿站建设参见表3-2。

表3-2　广州市范围内省立绿道线网布局说明表

绿道名称	线路走向与发展节点	一级驿站	长度
1号绿道	花卉博览园、葵蓬生态公园、双桥公园、白鹅潭风情酒吧街、醉观公园、聚龙古民居建筑群、荔湾湖公园、荔湾湖—逢源大街、西关、沙面、华南西街、海珠广场、东山湖公园、二沙岛、海心沙、天河体育中心、广州火车东站广场、珠江新城中轴线公园、广州电视塔、琶洲会展中心、小洲村、海珠万亩果园、大学城、广东科学中心、长洲岛历史文化保护区、黄埔军校、化龙湿地公园、大岭古村、莲花山风景名胜区、亚运村湿地公园、海鸥岛、东涌公园、蕉门河公园、黄山鲁森林公园、南沙大角山海滨公园、龙穴岛旅游区、百万葵园、南沙湿地公园	大学城驿站、小洲岭南水乡驿站、临江大道驿站、体育公园驿站、沙面岛驿站、珠江公园驿站、黄山鲁森林公园驿站、亚运村湿地公园驿站、湿地驿站	主线长148千米，支线长10千米
2号绿道	流溪河国家森林公园、广州抽水蓄能电站旅游度假区、从化温泉旅游度假区、良口桥头公园、从化风云岭坪地公园、从化河岛公园、从化马仔山公园、北回归线标志塔公园、高氏大宗祠、梁氏宗祠、八角庙、绍文胡公祠、曾氏大宗祠、广东国际划船中心、太阳岛游乐园、周氏大宗祠、白海面、白云湖、白云山风景区、天麓湖森林公园、广州国际体育表演中心、玉岩书院、香雪公园、石门国家森林公园、大尖山森林公园、熊氏祠堂、白水寨风景名胜区、何仙姑文化公园、荔江公园、增城滨江西公园、沙滩公园、新塘沿江公园、十字窖生态绿地	溪流河驿站、从化温泉旅游度假区驿站、吕田镇驿站、从化马仔山公园驿站、从化风云岭坪地公园驿站、陈家林森林公园驿站、天麓湖森林公园驿站、香雪公园驿站	主线长154千米，支线长201千米
3号绿道	沙湾镇历史文化保护区、鳌山古墓群、滴水岩森林公园、横江公园、番禺区广场、大夫山森林公园、长隆旅游度假区、广州新客站、番禺区中央公园、余荫山房	番禺区中央公园驿站	主线长33千米
4号绿道	芙蓉嶂水库、冯云山故居、洪秀全故居、天马河湿地公园	秀全驿站、芙蓉嶂驿站	主线长42千米

资料来源：《广东省绿道网建设总体规划（2011—2015年）》(2012)，表格作者自制。

为了加强对绿道的管理，广州市的绿道立法工作也随之跟进。2012 年 4 月 17 日，经广州市政府常务会议审议通过，市林业和园林局颁发实施了《广州市绿道管理办法》（穗林业园林通〔2012〕98 号）。2013 年 12 月，增城市人民政府办公室也颁发了《增城市绿道管理办法》（增府办〔2013〕33 号）。2013 年，广州市绿道办公室推进绿道管理，通过开展绿道巡查，借助“8383”热线、局长信箱等平台及时发现绿道存在问题，督促各区（县级市）开展绿道专项整治。同年，还出台了《广州市绿道管养维护工作方案》，该方案进一步明确了各区（县级市）管养维护范围，绿道管养维护技术指引、内容、标准和考评细则，力促绿道管理工作规范化、精细化。2014 年，广州市累计建成绿道 2 763千米，年接待游客超过 1 500 万人次。绿道串联起 320 个主要景点、166 个驿站和服务点，覆盖面积 3 600 平方千米，服务人口超过 800 万人，广州绿道成为广东省线路最长、串联景点最多、综合配套设施最齐、在中心城区分布最广的绿道网。为了加强绿道管养维护，建立健全长效管理机制，2014 年，广州出台《广州市绿道网日常巡查方案》。2015 年 6 月，广州市质量技术监督局发布了市地方技术规范《绿道建设技术规程 DBJ440100/T 225—2015》。该技术规程的发布，明确了绿道的相关术语与定义、规划选线、建设技术与档案管理等事项，为广州市绿道建设提供了技术指导，对提升绿道建设水平、打造升级版绿道提供了必要的技术规范。

2015 年，广州市绿道总长度超过 3 000 千米。同时，相关部门推进绿道升级与城镇化发展规划相互融合，强化绿道的管理运营工作，进一步提升绿道服务民生的功能。通过建立和完善绿道信息发布系统，编印绿道地图和绿道指南，策划主题活动，开展绿道公益宣传等多种形式，加大宣传推介力度，积极拓展绿道的体育、文化、休闲、旅游、经济功能，使绿道成为提升市民幸福生活指数的一个重要载体，积极把绿道打造成“幸福广州”的新品牌。例如，为了进一步鼓励和引导公众利用绿道，2015 年 8 月，广州市林业和园林局推出了第一批 18 条广州市绿道精品旅游线路，包括引领都市低碳线路、领略珠水晴波线路、品味风情文化线路、假日亲子休闲线路、悦赏一河两岸线路、情牵滨海湿地线路、醉心森林氧吧线路、畅享流溪风光线路、游走增江画廊线路等九种绿道类型，具体线路包括科城锦绣云端绿道（通过连廊串联起科学城中心区狮子岭、边岗岭、尖峰岭、牛角岭、玉树、体育公园等）、珠江黄金岸线绿道、二沙岛绿道、东濠涌绿道、荔枝湾绿道、生物岛绿道、大学城绿道、蕉门河绿道（位于南沙蕉门公园，长约 8 千米）、南沙海滨公园、海珠湿地、花都湖、大夫山森林公园、黄山鲁森林公园、流溪河国家森林公园、寮采世外桃源（位于白云区钟落潭寮采村，以广东绿道 2 号线为骨架，建有七彩花田、玫瑰园等）、流溪御景至夏湾拿段（长约 15 千米，设于堤坝上，部分段设二级慢行道）、莲塘春色等。

根据何俊勇（2014）对广州市绿道工程效益评估的研究，广州绿道的建设取得了良好的生态、环境、社会和经济效益：①生态效益。广州市的绿道工程，一方面改善了交通出行方式，一年可以减少碳排放 248 万吨。另一方面在调节温湿度、缓解热岛效应、除尘降噪、吸收有毒气体和保护生物多样性等方面，也取得了巨大效益。②环境效益。主要体现在美化视觉感受，提升景观价值；增加开敞空间，完善休闲环境；改善自然环境，提升居住条件；降低交通噪音，优化人居环境；在防火抗灾、防风固沙等方面，极大改善了城市的人居环境。③社会效益。主要体现在提高广州城市品位、推动科普教育和宣传广东文化、增加城市的休闲空间、优化居住环境、助力新型城镇化建设等方面。④经济效益。广州市绿道建设具有可观的总体经济价值，估算每年可产生经济价值15.5亿元。主要表现在形成了综合绿道经济产业链、提升周边房地产价值、增加就业岗位等方面。但根据实地考察和梳理相关文献也可以发现，广州绿道的建设、管理与维护还存在一些问题。例如，广州绿道类型多样，如何建设科学的运营模式尚需探索；绿道的断头路较多，连通性尚不足；部分绿道未安装路灯，夜晚无法使用；城区绿道没有单车道过街，给骑车使用者造成很多不便；部分驿站（服务点）因地点偏远、客流偏少或维护力量薄弱等原因没能正常运营；绿道标识系统不够完善。2016年2月，《国务院关于广州市城市总体规划的批复》（国函〔2016〕36号）提出，广州市组织实施《广州市城市总体规划（2011—2020年》过程中需要“完善城市和区域绿道”。为此，广州市林业和园林局积极组织编制《广州市绿道升级行动规划》，旨在进一步推动广州绿道的可持续发展。

3.1.2　选择广州作为研究区域的原因

本研究选择广州市绿道为研究对象，主要基于以下考虑：

（1）建设时间：广州市绿道的规划建设起步于2007年，是国内游憩型绿道建设的先行者。绿道使用的年限在国内也最长，业已形成了较为稳定的使用者群体，在国内具有先验性和典型性。

（2）绿道规模：在国内，广州市是绿道建设规模最大、绿道配套设施最为健全的城市之一，绿道网络遍布11个区，绿道类型丰富多样，城区、城郊、乡村、旅游景区（点）、河岸、海滨等区域均有绿道分布。建设长度超过3 000千米，规模在广东省各地市中居首位。

（3）服务人口数量：广州市是国内影响力最大的大都市之一。截至2015年，广州市常住人口多达1 350.11万人，城镇人口比重为85.53%。广州市范围内，绿道服务人口数量超过800万人，无论是现有的绿道使用者，还是潜在的绿道使用者，数量都相当庞大。

（4）区域的典型性：广东省濒临港澳，是我国改革开放的前沿，自1989年起广东国内生产总值在全国一直占据第一位。广州市是广东省省会城市，是在国内外具有重要影响力的大都市。从秦朝开始，广州一直是郡治、州治、府治的行政中心。两千多年来一直都是华南地区的政治、军事、经济、文化和科教中心。广州是国家历史文化名城，是岭南文化分支广府文化的发源地和兴盛地之一。广州是国务院定位的国际大都市、国家三大综合性门户城市之一、五大国家中心城市之一，与北京、上海并称“北上广”。2015年，广州全市地区生产总值18 100.41亿元，三大产业结构为1.26：31.97：66.77，城市和农村常住居民人均可支配收入分别为46 735万元和19 323万元，各项数据在全国都处于领先位置①。

①　参考百度百科“广州”词条。

3.2 研究目的与意义

3.2.1 研究目的

与美国的绿道相比，我国绿道的类型相对单一，大多是为城乡居民提供休闲机会的游憩型绿道。作为一种环境友好型的游憩、健身设施，游憩型绿道具有良好的社会经济价值，同时对于绿道周边的历史文化资源的保护与传承具有重要意义。国内外绿道的研究以绿道的功能与效益、规划设计为主，使用者的相关研究尚不多，且从事该领域研究的学者来自多个学科，相关理论基础还比较薄弱。国内外学术界在旅游行为与体验领域已经取得了大量成果，但绿道使用者并不等同于“旅游者”，周边居民同样或多或少地作为使用者，绿道使用行为同样也不等同于“旅游行为”。故开展绿道使用的研究，既需要借鉴旅游学、景观生态学等领域的研究成果，同时也需要总结自身的相关理论，其相关研究成果无疑具有重要的理论价值和现实意义。再者，节段是绿道使用的基础单位，而当前国内外绿道使用的研究多是以长距离绿道的使用者为研究对象，往往难以深度剖析绿道功能的实现。

基于以上判断，本研究的目的主要包括：①案例选取：选择发展中国家大都市绿道系统——广州市绿道系统开展案例研究；②关注节段：区别于大多使用者的研究，选取典型绿道节段进行调查研究；③多类型对比：本研究根据绿道的地理位置、景观特征、可达性、配套设施等条件的不同，借鉴国内外学者对绿道分类的研究，将绿道分为城区绿道（属性定位：位于城区，可达性良好，配套设施齐备）、乡村绿道（属性定位：穿越或紧邻乡村，可达性居中或较差，设施配套水平一定程度上取决于农村基础设施的建设）和自然绿道（属性定位：以自然区域为主，位于城郊或荒野地区，可达性居中或较差，设施配套水平依赖公共设施建设与旅游开发配套建设）三种类型，并对这三种类型的绿道节段的使用者的行为与体验开展对比研究；④理论探索：提炼与总结使用者行为与体验的规律和理论，综合分析相关影响因素，探讨绿道生态旅游服务功能的支撑体系；⑤服务实践：在个案深度剖析和分析限制性因素的基础上，提出广州市绿道生态旅游服务功能提升的对策。

3.2.2 研究意义

本研究基于“绿道节段综合特征（如规划设计、位置、周边景观、人口密度等）的差异决定了使用者的行为与体验的差异”的认识，通过实证研究，分析不同类型绿道节段的使用行为、体验的特征及差异，进而归纳提出绿道使用者使用与体验的概念模型，分析绿道生态旅游服务功能的支撑体系，这能够拓展绿道使用者研究的理论范围。当前绿道使用者研究，多是基于发达国家绿道的研究视角。我国绿道建设的目的有所不同，主要是为城乡居民提供休闲机会；且当前公众对绿道的认知尚少，游憩方式可能较国外也有所不同。因而，本研究能够为学界提供新的关于发展中国家绿道使用者研究的案例参考。

同时，本研究的结论也能够服务于实践。当前，全国各地日益重视绿道的规划建设，“绿道运动”在国内业已兴起。在与国外研究结果对比的基础上，通过定量与定性研究相结合，探讨国内最早的游憩型绿道系统——广州市绿道系统的使用状况，提出绿道生态旅游服务功能提升的对策，其研究结论也将为国内其他地区绿道的规划建设与管理提供有益的理论支持和政策参考。

3.3 研究内容

本研究的主要内容包括以下四个部分：

第一部分为绿道使用者的行为分析：通过问卷调查所获取的数据，对城区、乡村和自然三种类型的绿道使用者的使用行为特征进行分析与对比，包括使用次数、使用方式、信息渠道、交通方式、停留时间、消费金额、消费分布等，并进一步探讨各因素之间的内在关系，总结绿道使用者的典型群体。

第二部分为绿道使用者的体验满意度分析：运用“重要性—绩效分析”方法评估绿道各评价项目，总结各评价项目对使用者满意度的影响程度。归纳提出绿道使用者使用与体验的概念模型，综合分析其相关影响因素。

第三部分为绿道旅游发展对社区的影响研究：重点分析绿道旅游发展对社区的综合影响，包括经济影响、社会影响、农业遗产保护影响。归纳影响绿道旅游发展的因素。

第四部分为绿道生态旅游服务功能提升研究：重点关注绿道生态旅游，对绿道生态旅游服务功能的支撑体系进行阐释。在分析限制性因素的基础上，提出广州市绿道生态旅游服务功能提升的对策。

3.4 研究方法

3.4.1 文献研究法

国内的绝大多数绿道建设时间尚不足十年，相关研究基础还很薄弱。这也就决定了本研究需要充分掌握国外绿道建设的发展状况和绿道使用的研究进展，同时也需要借鉴国外相关研究的方法。因此，本研究既需要参考大量相关的外文文献（包括中文译著），又需要参考国内的各种文献。本研究通过 Science Direct、Springer Link 等国外文献数据库以及 Google 学术搜索，以“greenway/trail/track”为关键词，检索出相关外文文献。同时通过国家图书馆、中国知网、万方、维普等数据库和百度学术搜索，以“绿道”为关键词，检索出相关中文文献。最终，在整理和分析相关文献的基础上，确定本研究的理论框架和研究思路。

3.4.2 绿道抽样调查方法

根据研究目的，本研究选取广州市范围内的9个绿道节段，并对使用者的使用行为与体验进行调查。这些绿道节段分别位于天河区、越秀区、海珠区、番禺区、南沙区、增城区和从化区。绿道节段的选取，主要基于以下四个方面的考虑：①充分考虑调查数据的对称性，城区、乡村和自然绿道三种类型的节段各选择3个。②充分考虑使用者市场的成熟程度，所选择绿道节段建成时间均超过4年（截至2014年10月）。③考虑绿道节段空间分布的广泛性，所选择绿道遍布广州市的北部、中部和南部。④同一种类型的绿道节段的选择，充分考虑绿道的空间分布（特别是与城区的距离）、景观特征等因素的差异性，以尽可能降低研究的偏差，例如，城区绿道节段的选择，除广州城区两处外，还选择了从化城区的一处节段；乡村和自然绿道节段的选择，既有远离城区的，又有邻近城区的。

本研究所选择绿道节段大致代表了当前广州市绿道系统的总体状况，具体节段包括：①城区绿道：越秀区东濠涌城市绿道、新城市中轴线城市绿道花城广场段、省立2号从化区河岛公园段；②乡村绿道：省立2号绿道支线增城区莲塘春色段、增城城市绿道节段蒙花布绿道、南沙区大稳村绿道；③自然绿道：省立1号绿道海珠区生物岛绿道、省立3号绿道番禺区大夫山段、省立1号绿道南沙区海滨公园段。

9个绿道节段在地理位置、长度、路面铺装、使用密度、景观特征方面具有较大差别，各个绿道节段的发展和绿道网络布局状况具体参见表3-3、图3-2至3-10，具体的位置分布见图3-11。本研究将案例地绿道分为区域绿道与本地绿道（local greenway）两类。区域绿道呈线形，穿越案例地而过，如省立绿道等。本地绿道则是呈网络状，由一个或多个环形绿道组成。区域绿道的使用行为多是线形使用行为（即长距离地使用绿道，对于绿道节段而言，一般为短时间内通过），本地绿道是区域绿道的有益补充，它的存在为绿道的点状使用行为（小范围绿道系统中的使用行为，还可能包括吃、住、游、娱、购等旅游行为）提供了基础条件。总体来看，大部分案例地都拥有较具规模的本地绿道网络，虽然城区绿道节段本地绿道的规模最小，但便利的道路设施也能有效地弥补这一点。

表3-3　抽样调查所选取广州绿道节段的基本信息

绿道节段	绿道特征	位置与环境
新城市中轴线城市绿道花城广场段	城区绿道，天河区绿道节段，邻近珠江，居住密度高	花城广场作为广州市的城市中心广场，位于广州城市新中轴线上，处于黄埔大道以南、华夏路以东、冼村路以西、临江大道以北，广场最宽处250米，总面积约56万平方米。周边规划建有39幢建筑，其中包括广东省博物馆、广州少年宫、广州大剧院、广州图书馆等地标建筑。花城广场北临广州市的东西向主干道黄埔大道，南临珠江，其中有地铁3号线、地铁5号线以及旅客自动输送系统（APM线）分别从东西南北贯穿其中，附近亦分布有11个公交站点，总共50多条公交线路经过。

（续上表）

绿道节段	绿道特征	位置与环境
越秀区东濠涌城市绿道	城区绿道，越秀区绿道节段，滨水，居住密度高	2009 年开始，广州开始推进大型治水工程，重点改善城市水环境。东濠涌作为广州千年的护城河，其改造工程一马当先地成为全市水系整治的重点。首先是截污补水，净化水质，并依托河涌和两岸绿地及拆迁后的空间打造一条长 4.1 千米的都市型绿道，在高架桥下形成自麓湖到珠江的滨水带状公园。东濠涌城市绿道以水文化为主题，沿途有北园酒家、东平大押、广九火车站旧址 、鲁迅故居等历史人文景观。通过地铁、公共汽车可以抵达。东濠涌城市绿道从广州市麓湖公园穿越越秀区进入珠江航道，并与沿江绿道相连，东濠涌城市绿道经过的周边地区大多为旧城混合用地，有大量的商务办公用地和居住区。
省立 2 号从化区河岛公园绿道	城区绿道，流溪河绿道（省立 2 号绿道）节段，滨水，居住密度较高	河岛公园，位于从化市区河滨东路 47 号，占地面积约 8 万平方米，紧邻流溪河（流溪水上绿道是广东省的首条水上绿道），风景迤逦。邻近从化博物馆、从化儿童乐园、从化区政府等单位以及众多居住区，公园内配套有自行车道、步行道、健身设施和亲子游玩设施。配套建设有河岛公园驿站。
南沙区大稳村绿道	乡村绿道，南沙区绿道节段，滨水，居住密度低	大稳村，总面积 5.2 平方千米，位于南沙区东涌镇的北部，南沙港快速路与市南公路交汇处，南沙港快速路南北向穿大稳村西部而过，距离东涌镇中心区约 2 千米。田园景色秀美，具有良好的生态环境和舒适宜人的人居环境。大稳村已建成村史馆、绿道驿站、湿地公园、瓜果长廊、陆上绿道和水上绿道、农事体验区等设施。绿道建设与水乡文化元素体验相融合，在沿线、各重要景观节点穿插点缀水乡茅寮、亲水埠头、农艇等水乡元素，采取了传统农具收集、传统民俗及物品整理还原、特色农家菜、传统服饰发掘等措施，并成功将传统疍家糕系列小食申报为非物质文化遗产。
省立 2 号绿道支线增城区莲塘春色段	乡村绿道，增江绿道（省立 2 号绿道支线）节段，滨水，居住密度低	莲塘春色景区位于增城区中心城区北部，西临增派公路、东滨增江，距离增城区市中心区 5 千米，距离广州市区 70 千米。莲塘春色景总面积为 4.38 平方千米，区内江岸线长 5.3 千米，有温山吓、上莲塘、下莲塘 3 个自然村，户籍人口共计 1 428 人。区内山水风光宜人，林地、果园和耕地等植被丰茂，生态良好，环境优美。其中，上、下莲塘村还是广东著名农业物产——西山乌榄、增城荔枝的重要栽培区域，目前仍存留有乌榄、荔枝古树 1 800 余棵，为广州市最大的古树群。增城绿道莲塘春色段 2008 年 9 月建成，主要集中于增江沿线。景区内的沿江段绿道（长约 5 千米）、增派公路沿线段绿道（长约 2.5 千米）呈线形，分别通往增城市区和小楼镇，为区域绿道。本地绿道分布在上、下莲塘村与增江围合形成的环形区域，呈网络状，长约 6 千米。旅游资源和接待设施也主要集中分布在上、下莲塘村。

（续上表）

绿道节段	绿道特征	位置与环境
增城城市绿道节段蒙花布绿道	乡村绿道，增城城市绿道节段，滨水，居住密度低	蒙花布村位于正果镇中部，面积1.5平方千米，户籍人口380人，距离正果圩3千米，是广东省生态环保示范村，广州市文明村。自然生态环境优美，绿化覆盖率达90%。增江沿线沙滩、绿道、古乌榄林是该村主要旅游资源。2014年8月起，增城区着力推进万家旅舍建设，蒙花布村凭借着良好的旅游基础，成为正果镇的“万家旅舍”建设示范村。至2015年年底，全村已有28家乡村民宿建成营业。
省立1号绿道海珠区生物岛绿道	自然绿道，省立1号绿道节段，滨水，居住密度低	广州国际生物岛（原名官洲岛）位于广州市区东南方珠江口处，是一个呈东北西南向展开的椭圆形岛屿，全岛占地面积约1.83平方千米。生物岛处于珠江次航道上，四面环水。生物岛绿道位于省立1号绿道海珠区万亩果园段和大学城段之间，贯穿岛上揽胜园、水墨园和叠翠园3个公园，长度超过11千米。2011年，生物岛绿道被评为省、市绿道建设优良样板工程。生物岛绿道遵循“科学规划、因地制宜、生态优先、凸显特色”的原则，将绿道建设与市政道路工程、青山绿地工程结合起来。依托现有的路网、水网、公园和绿化带，以绿道串联沿线的人文、地理、生态景观，形成“绿道成网、人景交融”的格局。
省立3号绿道番禺区大夫山段	自然绿道，省立3号绿道节段，道路崎岖，无人居住	大夫山森林公园总面积达6平方千米，是广州市最大的公园，位于105国道以东、钟屏岔道以南、祈福新村以西、禺山西路以北，位于番禺城区以西6千米。公园由湖光花木区、田园生态观光区、大夫山览胜区、中心风景区等组成。大夫山作为番禺区绿道的生态中心，省立3号线穿过公园，南部连接番禺沙头街绿道，北面与钟村街绿道相连，并建设有15千米的支线绿道。
省立1号绿道南沙区海滨公园段	自然绿道，滨海绿道（省立1号绿道）节段，滨海，无人居住	大角山海滨公园位于南沙区南部，在虎门水道与凫洲水道交汇处，公园总面积约79万平方米，公园内包括湿地景区、文化园景区、海星沙景区和滨海景区。海滨公园绿道是广州唯一的滨海绿道，并连接天后宫、黄山鲁森林公园等景点，配套建设有海滨公园驿站。

注：表格自制，相关内容为笔者整理。

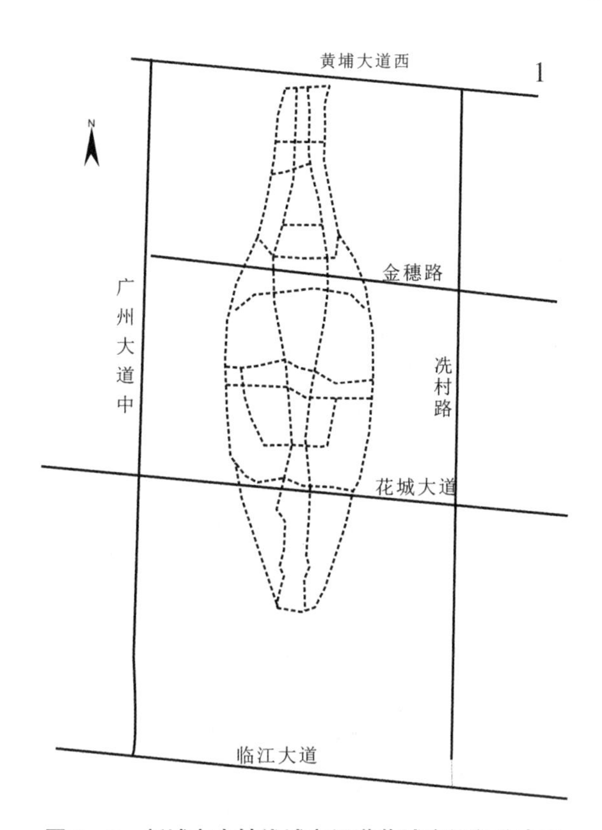

图3－2　新城市中轴线城市绿道花城广场段分布图

注：图3－2至图3－10为作者自绘。

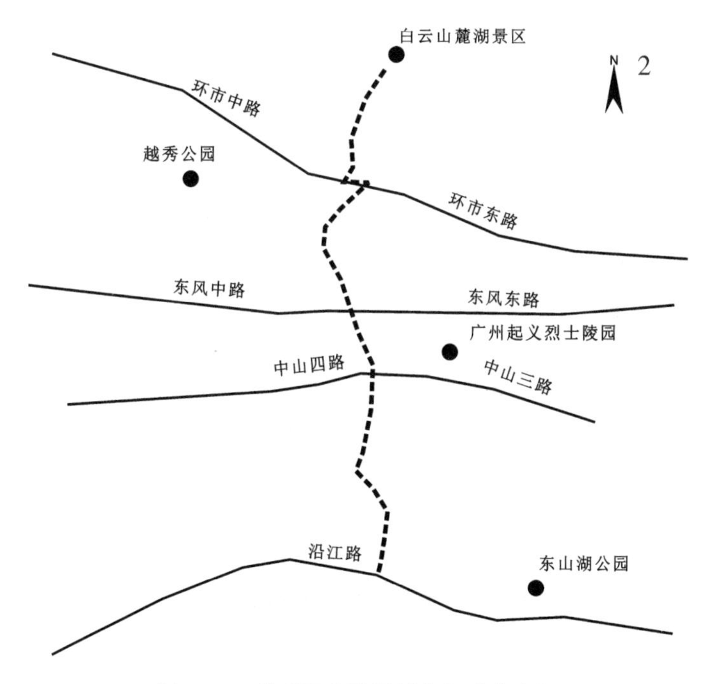

图3－3　越秀区东濠涌城市绿道分布图

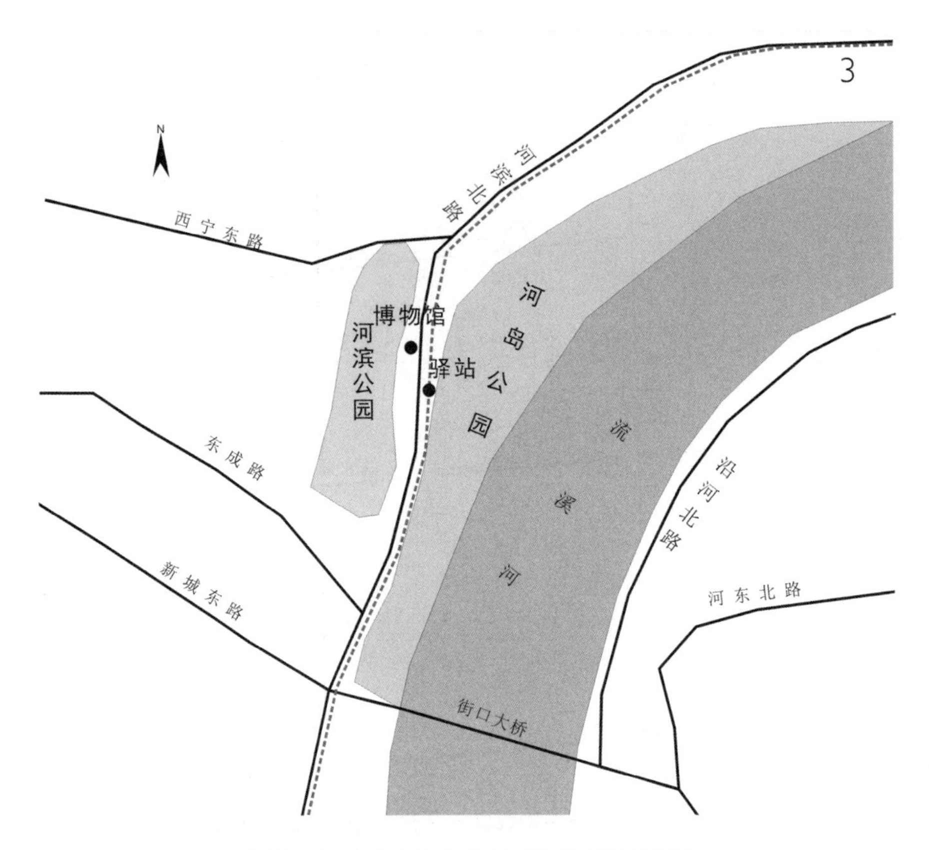

图 3-4　省立 2 号从化区河岛公园段分布图

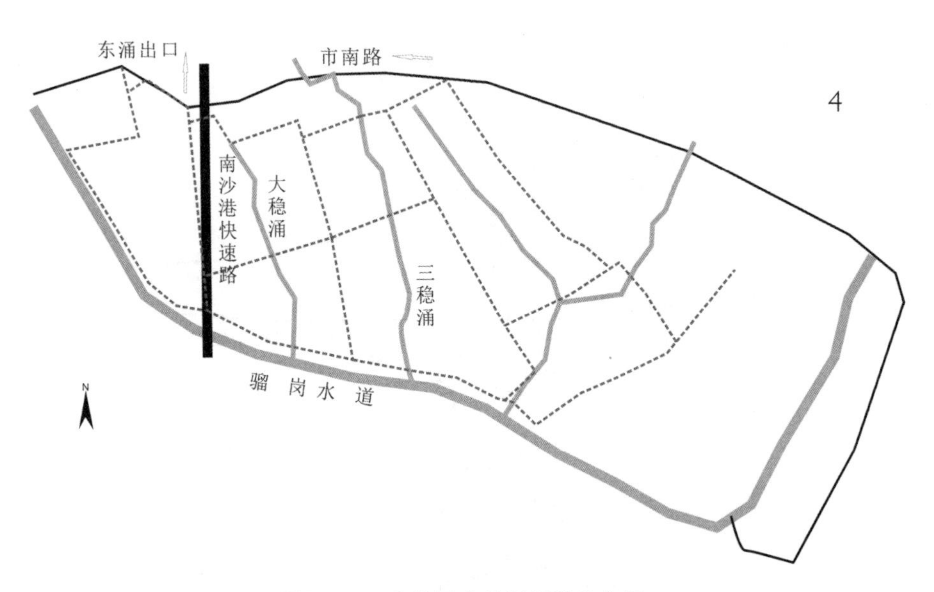

图 3-5　南沙区大稳村绿道分布图

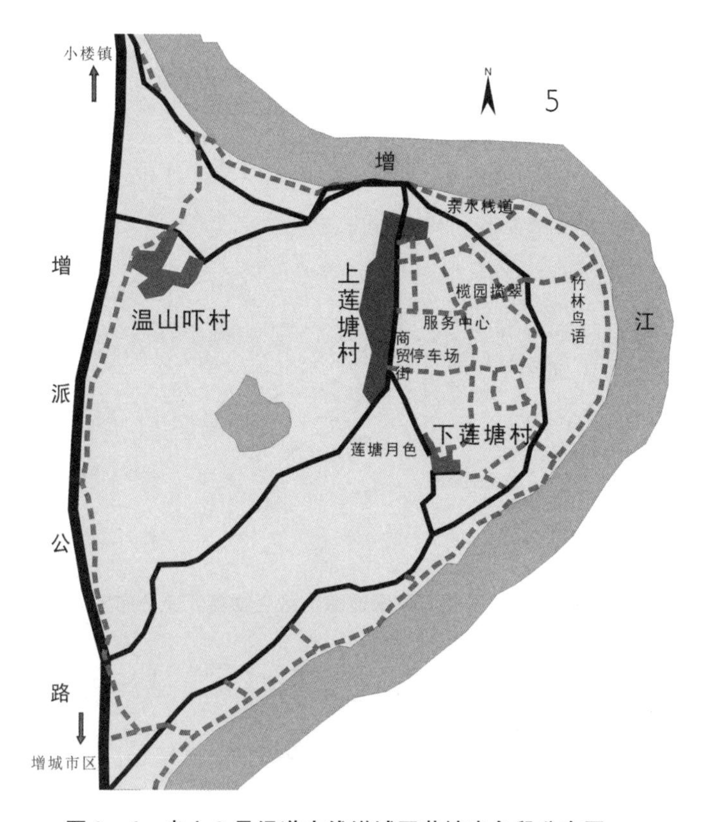

图 3 – 6　省立 2 号绿道支线增城区莲塘春色段分布图

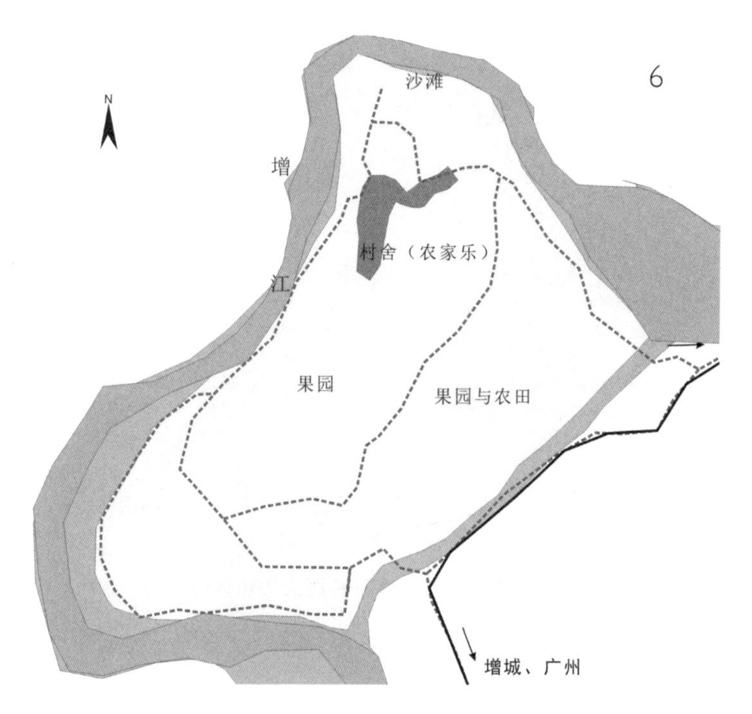

图 3 – 7　增城城市绿道节段蒙花布绿道分布图

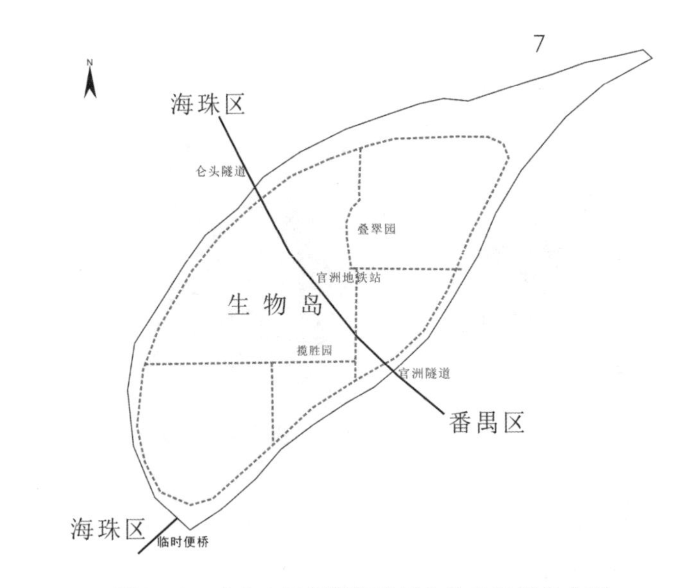

图3－8　省立1号绿道海珠区生物岛绿道分布图

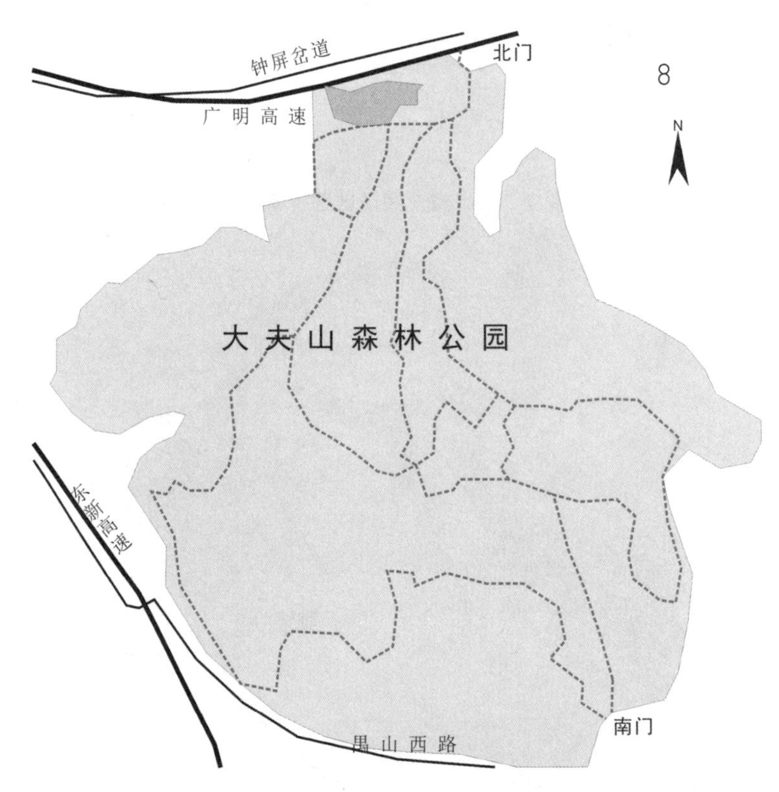

图3－9　省立3号绿道番禺区大夫山段分布图

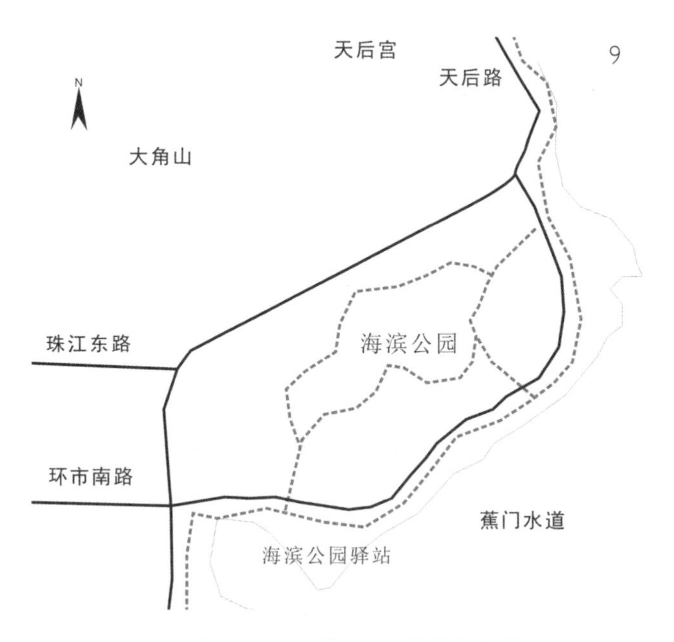

图 3 - 10　省立 1 号绿道南沙区海滨公园段分布图

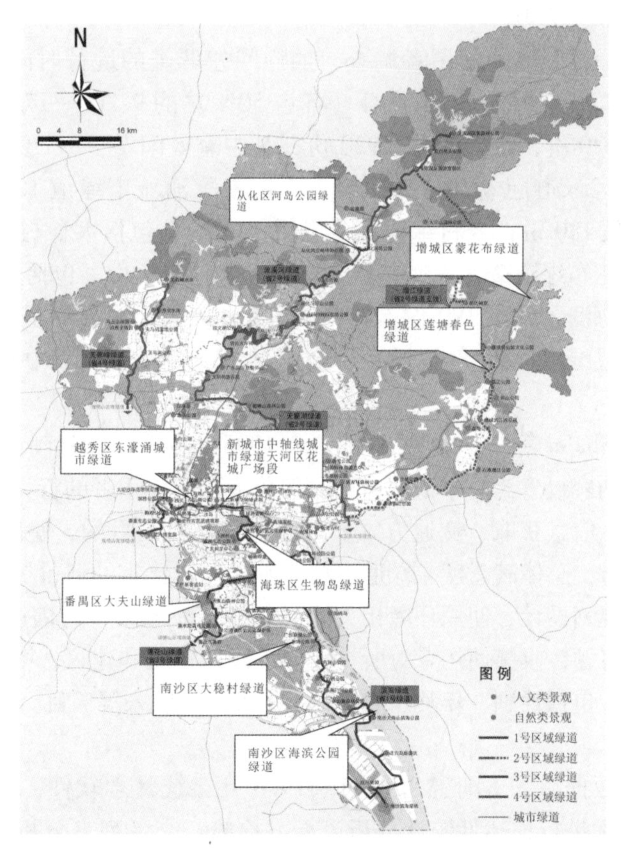

图 3 - 11　本研究中绿道案例地在广州绿道系统中的位置

注：底图来源于《广州市绿道网建设规划》(2010)。

3.4.3 抽样问卷调查方法

1. 调查方法

在9个绿道节段中，随机对绿道使用者进行抽样问卷（见附录A）调查。使用密度较低的绿道节段，对于团队使用者，原则上每10人中，抽访人数不超过1人；使用密度较高的节段，随机抽访使用者。在受访者的选择方面，原则上选择在绿道节段逗留时间较长的使用者，刚刚到访的使用者不进行访谈，以保障使用者对问卷提及事项已经做到了一定程度的了解，能够对绿道体验做出客观的评估。访谈中，调查人员会先说明身份与调查目的，尽量减少拒访现象和降低受访者顾虑，以尽可能获取真实有效的反馈信息。少量的拒访者中，城区绿道使用者所占比例较高，大多为外地到访游客，对本地情况缺少了解。部分以通勤为目的的使用者因时间原因，也有拒访现象。此外，抽访使用者时也注意到了性别、年龄、职业等的合理分布。调查人员均为华南农业大学在校本科生（22名）与研究生（2名）。2014年4月，作者带领他们前往增城绿道参观，并要求他们每人完成5份调查问卷，初步学习如何对使用者进行访谈。9月，作者再次对他们进行了绿道相关知识和专业问卷调查相关内容的培训，以确保他们能够在实地调研中顺利完成工作。

2. 调查时间与问卷获取

同时开展9个绿道节段的使用者调查，抽样问卷调查的进行时间为2014年10—11月、2015年4—5月，选择周末与工作日（各占50%）的9：00—17：00时间段进行调查。共发放问卷1 920份，收回问卷1 920份，其中有效问卷1 817份，有效率94.6%。在有效问卷中，城区绿道问卷共计559份，包括东濠涌城市绿道185份、花城广场段194份、河岛公园段180份；乡村绿道问卷共计631份，包括大稳村绿道210份、莲塘春色段206份、蒙花布绿道215份；自然绿道问卷共计627份，包括生物岛绿道207份、大夫山段221份、海滨公园段199份。2016年11月，选择乡村绿道莲塘春色段的莲塘村为调查地点，完成绿道旅游发展对社区影响调查问卷144份，其中有效问卷140份。

3. 调查内容

本研究在参考Shafer等（1999）、Gobster（1995）等研究的基础上，结合研究目的，将抽样问卷的调查内容设置为三个部分：第一部分为绿道使用者的行为特征，包括绿道使用经验、使用次数、信息获取、交通方式、陪同方式、使用目的、使用方式、停留时间、消费支出、消费分布、总体满意度、绿道占总体游憩元素比重的评价等；第二部分为绿道使用者对与绿道的规划设计、使用环境相关的13项指标的重要性与满意度的评价，另外还设计了一个开放问答题，收集使用者对所在绿道节段的意见和建议；第三部分为绿道使用者的人口统计特征，包括性别、年龄、居住地、职业、年收入等项目。

4. 数据分析

获取调查问卷数据后，本研究采用SPSS19.0社会统计学软件，结合不同问题分析的需要，分别对数据进行描述性统计分析、卡方检验、交叉列表分析、对应分析、相关分析、重要性—绩效分析、多元线形回归分析等。此外，部分数据处理与图表绘制也使用了Excel软件。

3.4.4 归纳分析与比较分析法

本研究通过实证研究进行理论归纳。基于广州市绿道使用者的实证分析，归纳分析了绿道使用者行为与体验的概念模型，解释使用行为与体验的产生过程及其内在与外在的影响因素。重点关注绿道的生态旅游服务功能，归纳分析了绿道生态旅游服务功能的支撑体系。

本研究在实证研究部分还大量运用了比较分析方法。如果缺少多种类型绿道对比的视角，评估绿道设计、管理维护对使用者的行为与体验的影响将是困难的、不准确的。本书的研究思路正是基于“绿道节段综合特征的差异决定了使用者的行为与体验的差异”的判断，将绿道分为城区、乡村和自然三种类型，进而通过实证研究，对比分析不同类型绿道节段的使用者行为与体验的特征及差异。

3.5 技术路线

本研究的技术路线包括研究背景、研究设计、实地调研和研究发现四个部分，四个部分的研究依次进行，最终完成本书的研究任务，技术路线如图3－12所示。

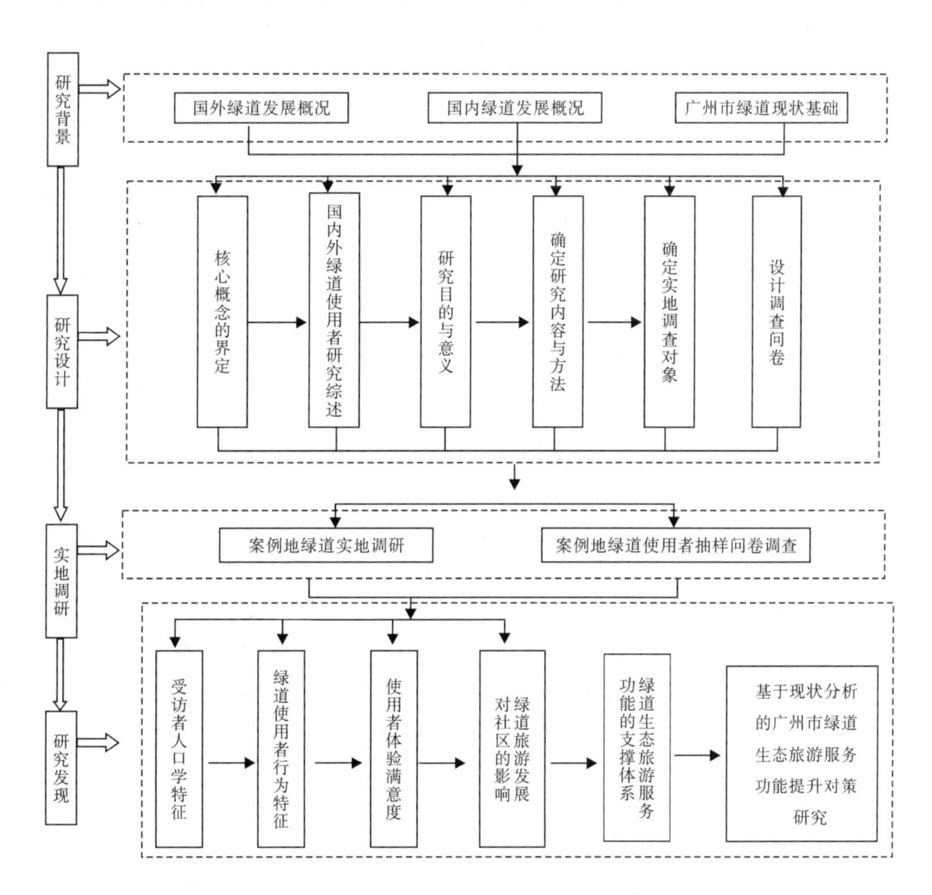

图3－12 本研究的技术路线图

第 4 章　绿道使用者的行为与体验分析

4.1　受访者人口学特征分析

受访者中，男性与女性数量大致相当，女性（51.1%）略多于男性（48.9%）。具体到三类绿道，城区绿道的受访者男性（51.3%）多于女性（48.7%），另两类绿道则是女性略多。其中，乡村绿道的女性受访者比例最高，比男性高出 7.4%。

从受访者的居住地结构可以看出，绿道作为一类游憩和健身设施，主要服务对象为广州居民。绿道的位置，特别是与城市的距离，同样对使用者的居住地结构产生重要影响。调查结果表明，在城区、乡村和自然三类绿道的使用者中，70% ~80% 的使用者为广州市居民，其中自然绿道使用者本地居民比重最高，其次是乡村和城区绿道，比例依次为 78.0%、74.5% 和 73.3%。在省内（不含广州市）的受访者中，乡村绿道的受访者比重最大，占 24.1%，其次是城区和自然绿道，分别占 16.6% 和 15.3%。国内其他省份的受访者较少，其中城区绿道比重最大，为 9.7%，自然绿道为 6.5%，而乡村绿道仅为 1.4%。三类绿道中，境外的受访者最少，仅在城区、自然绿道中分别有 2 个和 1 个。值得注意的是，城区绿道受访者的居住地结构差异最大。城区是外来人员集中的区域，尤其是花城广场作为广州市的地标区域，外来人员数量众多，广州市的受访者仅为 52.6%，而位于从化城区的河岛公园段的使用者则以本地居民为主，广州市的受访者比例高达 91.7%。东濠涌位于城市中心区，近年政府对其环境大力整治，东濠涌城市绿道同样具有一定知名度，广州市受访者比例占到 77.3%。在自然绿道方面，其位置，特别是与市中心的距离，明显地影响了受访者的居住地结构。生物岛位于海珠区，距离城市中心最近，广州市的受访者比例也最高，为 90.3%；海滨公园位于广州市区的最南端，距离南沙城区超过 10 千米，广州市受访者比例最低，仅为 64.3%；大夫山位于番禺区，与广州城区的距离介于前两者之间，距离番禺城区超过 5 千米，广州市受访者的比例为 78.7%。此外需要注意的是，大夫山与佛山相邻，而南沙海滨公园与佛山、中山和东莞等市相近，两者省内受访者比例则明显高于生物岛，分别为 14.9%、24.1%，生物岛仅为 7.2%。乡村绿道的统计结果同样说明了这一点。蒙花布与惠州相邻，距离广州城区超过 50 千米，距离增城城区也超过 20 千米，受访者中居住地为广州市的比重最低，仅为 66.5%，省内（不含广州）受访者则高达 33.0%。大稳村距离广州城区较近，莲塘春色景区距离增城城区约 5 千米，两者本地受访者比例相近，分别为 79.5% 和 81.1%。

表4-1　绿道使用者的人口学特征汇总表

项目	类型	数量及百分比			合计
		城区绿道	乡村绿道	自然绿道	
性别	男性	287（51.3%）	292（46.3%）	309（49.3%）	888（48.9%）
	女性	272（48.7%）	339（53.7%）	318（50.7%）	929（51.1%）
居住地	广州市	410（73.3%）	470（74.5%）	489（78.0%）	1 369（75.3%）
	广东省其他城市	93（16.6%）	152（24.1%）	96（15.3%）	341（18.8%）
	国内其他省份	54（9.7%）	9（1.4%）	41（6.5%）	104（5.7%）
	境外	2（0.4%）	0（0）	1（0.2%）	3（0.2%）
年龄	≤18	67（12.0%）	87（13.8%）	85（13.6%）	239（13.2%）
	19～30	265（47.4%）	244（38.7%）	343（54.7%）	852（46.9%）
	31～45	139（24.9%）	265（42.0%）	162（25.8%）	566（31.2%）
	46～60	52（9.3%）	26（4.1%）	32（5.1%）	110（6.1%）
	>60	36（6.4%）	9（1.4%）	5（0.8%）	50（2.8%）
学历	初中及以下	84（15.0%）	80（12.7%）	45（7.2%）	209（11.5%）
	高中/中专	161（28.8%）	189（29.9%）	127（20.3%）	477（26.3%）
	大专	113（20.2%）	148（23.5%）	154（24.6%）	415（22.8%）
	本科	185（33.1%）	197（31.2%）	278（44.3%）	660（36.3%）
	硕士及以上	16（2.9%）	17（2.7%）	23（3.7%）	56（3.1%）
职业	企业员工	161（28.8%）	152（24.1%）	186（29.7%）	499（27.5%）
	政府/事业单位人员	47（8.4%）	114（18.1%）	74（11.8%）	235（12.9%）
	学生	145（25.9%）	153（24.3%）	231（36.8%）	529（29.1%）
	农民	12（2.2%）	15（2.4%）	7（1.1%）	34（1.9%）
	个体户	29（5.2%）	78（12.4%）	30（4.8%）	137（7.5%）
	自由职业者	73（13.1%）	95（15.1%）	74（11.8%）	242（13.3%）
	离退休人员	56（10.0%）	14（2.2%）	13（2.1%）	83（4.6%）
	其他	36（6.4%）	10（1.6%）	12（1.9%）	58（3.2%）
年收入	0	169（30.2%）	170（26.9%）	237（37.8%）	576（31.7%）
	<￥30 000	109（19.5%）	81（12.8%）	100（16.0%）	290（16.0%）
	￥30 000～60 000	129（23.1%）	172（27.3%）	123（19.6%）	424（23.3%）
	￥60 000～100 000	97（17.4%）	111（17.6%）	98（15.6%）	306（16.8%）
	￥100 000～150 000	39（7.0%）	68（10.8%）	49（7.8%）	156（8.6%）
	>￥150 000	16（2.9%）	29（4.6%）	20（3.2%）	65（3.6%）

在受访者的年龄结构方面，绿道使用者以19～30岁的青年人为主，其中又以自然绿道比例最高，达54.7%，乡村绿道比例最低，为38.7%。31～45岁的使用者也占有较大比重，其中又以乡村绿道比例最高，达42.0%。究其原因，乡村绿道距离市区较远，且公共交通有所欠缺，致使可达性较差，因而拥有私家车比例较高的中年群体更容易到达。

受访者总体的受教育程度普遍较高。在受访者的学历结构方面，三种类型绿道均呈现出大致相同的分布，尤其是乡村绿道与城区绿道受访者的学历结构基本一致，学历为本科、高中或中专的最多，均为30%左右。自然绿道的受访者呈现出不同的分布，本科学历的比重高达44.3%，其次是大专学历，为24.6%。结合年龄结构的分析可以看出，自然绿道的受访者中在校大学生占据较大比重。

学生、企业员工、自由职业者在三种类型绿道中均占据较大比重。具体到三类类型绿道，呈现出以下特点：①城区绿道的离退休受访者（10.0%）比例显著高于其他两种类型；②乡村绿道的政府或事业单位受访者（18.1%）、个体户受访者（12.4%）比例显著高于其他两种类型；③自然绿道的学生受访者比例（36.8%）显著高于其他两种类型。

受访者以中低收入（即年收入低于3万元）为主，其中无经济收入的受访者（如大学生、家庭主妇等）均占有较大比重。自然绿道受访者中，无经济收入者比重达到了37.8%，城区、乡村绿道也达到了30.2%和26.9%。其次是年收入为3万～6万元的群体。高收入群体（即年收入超过15万元）比重最低，均不超过5%。国外一些研究也已证实，绿道使用者以中低收入者为主，本研究同样验证了此结论。

4.2 绿道使用者行为特征分析

借鉴消费者购买决策理论，将问卷中的12个问题归为决策阶段、使用阶段两个模块分开进行分析，进而结合受访者人口学特征部分数据对其使用行为进行综合的数据分析，发现和总结各项目之间存在的关联性，数据处理的方法包括卡方检验、交叉列表分析、对应分析等。

4.2.1 决策阶段

绿道使用经验很大程度上决定了使用者的绿道感知水平。随着绿道使用经验的增加，使用者的行为和体验往往更加理性和定型，对绿道的评价更加客观真实。除所到访绿道外，本研究调查使用者对广州市范围内其他绿道的使用情况发现：24.1%的受访者没有去过其他绿道；去过1～2处的受访者比例最高，达44.1%；绿道使用经验较为丰富的（去过3～5处绿道）受访者比例达23.6%；去过5处以上的比例最低，仅有8.2%。从三种类型绿道对比来看，在乡村绿道、自然绿道受访者中去过1～2处绿道的比重相仿，分别为45.5%、46.7%，高于城区绿道（39.5%）。没有去过其他绿道的受访者中，城区绿道比重最高（29.7%），乡村绿道比重最低（19.0%）。

表4-2　绿道使用者的决策行为特征

项目	类型	数量及百分比			合计
		城区绿道	乡村绿道	自然绿道	
绿道使用经验	没去过其他绿道	166（29.7%）	120（19.0%）	152（24.2%）	438（24.1%）
	1~2处	221（39.5%）	287（45.5%）	293（46.7%）	801（44.1%）
	3~5处	120（21.5%）	169（26.8%）	140（22.3%）	429（23.6%）
	5处以上	52（9.3%）	55（8.7%）	42（6.7%）	149（8.2%）
重游率	1	133（23.8%）	297（47.1%）	286（45.6%）	716（39.4%）
	2~4	135（24.2%）	173（27.4%）	169（27.0%）	477（26.3%）
	5~11	90（16.1%）	80（12.7%）	86（13.7%）	256（14.1%）
	>11	201（36.0%）	81（12.8%）	86（13.7%）	368（20.3%）
信息来源（多选题）	家在附近	242（43.3%）	145（23.1%）	135（21.5%）	523（28.8%）
	听别人介绍	163（29.2%）	389（61.6%）	394（62.8%）	946（52.1%）
	网络	49（8.8%）	76（12.0%）	79（12.6%）	204（11.2%）
	电视/报刊/广告	52（9.3%）	30（4.8%）	22（3.5%）	104（5.7%）
	旅行社	7（1.3%）	5（0.8%）	8（1.3%）	20（1.1%）
	其他	99（17.7%）	31（4.9%）	49（7.8%）	179（9.9%）
绿道与居住地距离	<1千米	110（19.7%）	24（3.8%）	22（3.5%）	156（8.6%）
	1~3千米	148（26.5%）	60（9.5%）	81（12.9%）	289（15.9%）
	3~8千米	135（24.2%）	115（18.2%）	169（27.0%）	419（23.1%）
	8~15千米	84（15.0%）	161（25.5%）	136（21.7%）	381（21.0%）
	>15千米	82（14.7%）	271（42.9%）	219（34.9%）	572（31.5%）
交通方式	自驾车	42（7.5%）	417（66.1%）	163（26.0%）	622（34.2%）
	步行	274（49.0%）	27（4.3%）	27（4.3%）	328（18.1%）
	骑自行车	35（6.3%）	97（15.4%）	123（19.6%）	255（14.0%）
	团体包车	5（0.9%）	17（2.7%）	21（3.3%）	43（2.4%）
	公共交通	202（36.1%）	67（10.6%）	286（45.6%）	555（30.5%）
	其他方式	1（0.2%）	6（1.0%）	7（1.1%）	14（0.8%）

使用频率（use frequency）是指特定时间内使用者到访绿道的次数，是反映使用者绿道使用情况的一项重要指标。重游率的统计，很大程度上体现了使用者的使用频率。本研究对使用者重游率的调查显示，39.4%的受访者是第1次到访绿道，26.3%的受访者来过2~4次，14.1%来过5~11次，20.3%来过11次以上。对比三种类型绿道，乡村和自然绿道的受访者大致相同。与两者相比，城区绿道呈现出明显的差异。前两类绿道的受访者，第1次到访的比重均接近半数，到访次数较多（5次及以上）的比重约占1/4。城区绿道的受访者中，比重最高的是到访11次以上的受访者，比重高达36.0%，

远高于乡村绿道（12.8%）和自然绿道（13.7%），但第1次到访的尚不足1/4，同样远低于后两者。河岛公园段绿道在这一方面表现得更加明显，到访11次以上的使用者比重高达50.0%，第一次到访的仅占12.8%。由此可以发现，城区绿道使用频率较高的使用者比重要远高于乡村绿道和自然绿道。

绿道感知水平的高低，可以一定程度地体现出使用者与非使用者的差异。与使用者相比，非使用者往往对绿道相关信息的获取不足。在绿道信息获取途径方面，“听别人介绍”是此次调查中受访者最为主要的方式（52.1%），其次是“家在附近”（28.8%），再次分别是通过“网络”（11.2%）、“电视/报刊/广告”（5.7%）获取信息，通过旅行社获取信息的比重较低，仅为1.1%。对比三种类型绿道，乡村绿道和自然绿道的受访者大致相同，与两者相比，城区绿道呈现出明显的差异。前两者中，“听别人介绍”的比重均超过六成，可见“口碑宣传”是使用者获知绿道信息的首要途径；其次是“家在附近”，比重超过两成。而城区绿道的受访者，信息获取主要的途径则是“家在附近”（43.3%），“听别人介绍”居第二位（29.2%），河岛公园段绿道以“家在附近”为信息获取途径的则高达63.3%。总之，公众媒介对于绿道信息的宣传有限，或者说，使用者未过多地关注此类宣传。此外，绿道的公益属性也决定了旅行社等不会过多地推介绿道。多数城区绿道的使用者距离绿道较近，便于获取相关信息，而乡村绿道和自然绿道的使用者获取信息则以人际交流渠道为主。

绿道与居住地距离是决定绿道可达性的一个重要因素，国外多项研究证实了这点。本研究中，比重最大的则是绿道与居住地距离超过15千米的受访者（31.5%），其次是3~8千米（23.1%）、8~15千米（21.0%）、1~3千米（15.9%）的受访者，距离小于1千米的比重最低（8.6%）。距离超过8千米的受访者中，乡村绿道的比重最高（68.4%），自然绿道的比重也达到了56.6%。而城区绿道的受访者中，则以近距离的使用者为主，绿道与居住地距离小于8千米的使用者比重达到了70.4%，河岛公园段绿道这一比例则高达76.2%。距离广州城区最远的海滨公园段绿道的受访者则近半数为绿道与其居住地距离超过15千米，而邻近城区的生物岛段绿道则以近距离使用者为主，以8千米为界，各占半数（51.2%、49.8%）。距离增城和广州城区都较远的蒙花布绿道这一比例也高达47%。Furuseth等（1991）提出，城区绿道具有明确的服务半径，大多数使用者居住在距离绿道8.05千米的范围内。本研究既验证了这一点，但同时也发现，距离城区较远的乡村绿道与自然绿道则以远距离的使用者（大于8千米）为主。可见，绿道的位置，特别是与城区的距离，很大程度上影响了绿道使用者近、远距离使用行为的比重，绿道与城区的距离越大，服务半径也随之增加。国外学者的相关研究表明，城区绿道中来自附近区域的使用者数量最多，随着距离和交通成本的增加，使用者数量逐渐减少，符合距离衰减规律，但本研究的调查并未证实此观点。本研究认为，游憩型绿道的使用者群体的地域分布比社区绿道更为复杂，其使用者中远距离前来的旅游者比重较高，这就决定了游憩型绿道的服务半径要大于社区绿道，这一特点在距离城区较远的乡村、自然绿道节段（远距离前来的旅游者比重比城区绿道更高）中体现得更为明显。本研究调查表明，随着距离的增加，游憩型绿道的使用者数量呈现出“先增长，后降低”的趋势，而并不是简单的距离衰减，峰值点的位置主要取决于绿道与都市区（使用者主要客源地）之间的距离大小（见图4－1）。本次调查结果显示，根据对使用者数量所占比重的分析，广州的城区绿道的服务半径为8千米，而乡村绿道、自然绿道的服务半径则大于或等于15千米。

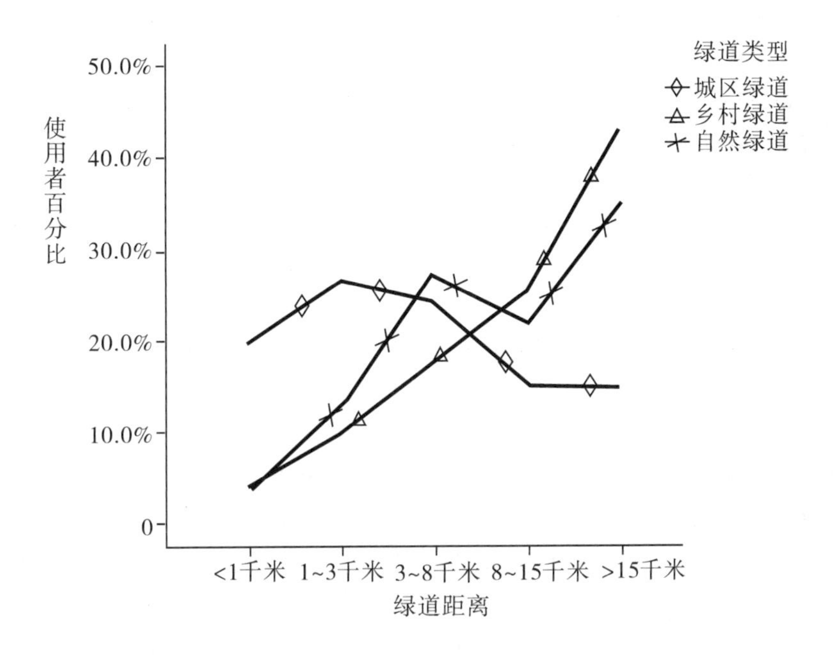

图4－1　不同距离尺度的使用者数量分布

使用者对交通方式的选择，既取决于使用者的车辆拥有和经济能力状况，同时居住地与绿道之间的距离、公共交通的完善程度、绿道附近停车场的配套等因素也具有重要影响。在交通方式方面，受访者中自驾车到达绿道的比重最高（34.2%），其次是通过公共交通到达绿道（30.5%）。步行的受访者占18.1%，骑自行车的受访者占14.0%。对比三类绿道，则呈现出较大的差异。对于城区绿道使用者来说，绿道距离一般较近，公共交通便于到达，且自驾车停车成本较高，因而使用者选择步行到达的比重最高（49.0%），高于其他两类绿道40多百分点；其次是选择公共交通（36.1%），自驾车仅占7.5%。乡村绿道使用者则多数是自驾车到达（66.1%），其次是骑自行车（15.4%），公共交通仅占10.6%，后两者都远低于其他两类绿道。而自然绿道使用者则以公共交通到达的比重最高（45.6%），其次是自驾车（26.0%）和骑自行车（19.6%）。自驾车到达绿道，利于长时间驻足绿道，而通过公共交通或骑自行车到达的，则更便于使用区域绿道。对比乡村绿道和自然绿道使用者交通方式的差异可以看出，乡村绿道的点状使用行为比例比自然绿道要高。

4.2.2　使用阶段

绿道建设能够满足社区居民和旅游者的多重需求，如运动健身、游憩、人际交往、通勤等，对使用目的的调查可以较为准确地反映出绿道的多维功能。本次调查结果显示（见表4－3），以游憩休闲（亲近自然/休闲放松/观光游览）为目的的受访者比重最高（81.2%），其次是运动健身（17.2%）、人际交往（陪同他人/交友交际）（13.3%），以通勤（上学/上班/路过）为目的的受访者比例较低，为5.2%。城区的通勤出行总量巨大，绿道的通勤功能更加凸显。对比三类绿道，城区绿道中以通勤为目的的使用者比重最高，为12.7%，而其他两类绿道则只有2.1%和1.8%。在城区绿道使用者中，以游憩休闲为目的的使用者比例最低，仅有71.9%，比其他两类绿道低十几百分点。优良的生态环境和较为开阔的活动空间是自然绿道的特点，自然绿道中以游憩休闲为目的的受访者在三类绿道中比例最高（86.0%），以运动健身为目的的比例同样也是最高（19.3%）。美丽的乡村环境及农家乐的存在，为亲友聚会、单位集体活动等社交活动的开展提供了一个优良的自然空间，乡村绿道中以人际交往为目的的受访者比重在三类绿道中最高（16.0%）。

使用方式是使用者在绿道停留期间的主要行为内容，是绿道功能的直接体现。此次调查显示，步行/散步是绿道最普遍的一种使用方式，有50.8%的使用者选择步行/散步。其次是骑自行车、绿道附近游玩，比重分别为39.0%、23.2%。跑步和玩滑板的使用者比重较低，仅有5.2%和1.5%。三种类型的绿道使用者在行为方面具有较大的差异。城区绿道使用者选择步行/散步的比重最高，达到了76.0%，远高于乡村绿道（44.5%）和自然绿道（34.6%）。城区绿道由于长度有限、使用密度较大、交通状况复杂等原因，使用者选择骑自行车的比例较低，仅有8.6%。自然绿道和乡村绿道的骑行条件优良，骑自行车是使用者的重要使用方式。自然绿道使用者骑自行车的比重则高达64.0%，乡村绿道使用者骑自行车的比重也超过四成（41.0%）。乡村地区旅游资源丰富多样，可供使用者选择的旅游休闲项目较多；城区绿道沿线的休闲、娱乐及购物场所较为齐备，都为使用者选择到绿道附近游玩提供了较多机会。选择绿道附近游玩的受访者，乡村绿道比重最高（30.1%），其次是城区绿道（25.2%），自然绿道（14.4%）最低。

在停留时间方面，调查结果显示，使用者停留1～3小时的比重最高（44.7%），往后依次是3～5小时（31.1%）、1个小时以内（12.3%）、5～10小时（9.4%）和10个小时以上（2.6%）。对比三类绿道，城区绿道短时间使用的比重最高，停留时间1～3小时的比重最高，达52.4%；而停留时间1个小时以内的也多达30.2%，远高于乡村绿道（4.4%）和自然绿道（4.1%）。城区绿道使用者中在绿道停留10个小时以上的为零。乡村绿道使用者停留时间最长，停留5～10小时的比重为13.6%，停留10个小时以上的比重在三种类型绿道中最高，为6.0%，这也说明过夜的使用者最多。在三处乡村绿道节段，均有一些农家旅馆的开设，为使用者的过夜提供了便利。自然绿道使用者停留时间居中，停留时间为1～5小时的比重达82.8%，高于其他两类绿道。

表 4－3　绿道使用者的使用行为特征

项目	类型	数量及百分比			合计
		城区绿道	乡村绿道	自然绿道	
使用目的（多选题）	运动健身	95（17.0%）	96（15.2%）	121（19.3%）	312（17.2%）
	上班/上学/路过	71（12.7%）	13（2.1%）	11（1.8%）	95（5.2%）
	亲近自然/休闲放松/观光游览	402（71.9%）	535（84.8%）	539（86.0%）	1 476（81.2%）
	陪同他人/交友交际	70（12.5%）	101（16.0%）	70（11.2%）	241（13.3%）
	其他	11（2.0%）	23（3.6%）	10（1.6%）	44（2.4%）
使用方式（多选题）	步行/散步	425（76.0%）	281（44.5%）	217（34.6%）	923（50.8%）
	骑自行车	48（8.6%）	259（41.0%）	401（64.0%）	708（39.0%）
	跑步	37（6.6%）	25（4.0%）	32（5.1%）	94（5.2%）
	玩滑板	5（0.9%）	16（2.5%）	7（1.1%）	28（1.5%）
	绿道附近游玩	141（25.2%）	190（30.1%）	90（14.4%）	421（23.2%）
停留时间	1 个小时以内	169（30.2%）	28（4.4%）	26（4.1%）	223（12.3%）
	1～3 小时	293（52.4%）	240（38.0%）	279（44.5%）	812（44.7%）
	3～5 小时	86（15.4%）	239（37.9%）	240（38.3%）	565（31.1%）
	5～10 小时	11（2.0%）	86（13.6%）	73（11.6%）	170（9.4%）
	10 个小时以上	0（0）	38（6.0%）	9（1.4%）	47（2.6%）
陪同方式	自己一人	128（22.9%）	15（2.4%）	27（4.3%）	170（9.4%）
	携带宠物	21（3.8%）	12（1.9%）	15（2.4%）	48（2.6%）
	和家人/亲戚	187（33.5%）	386（61.2%）	249（39.7%）	822（45.2%）
	和朋友/同学	210（37.6%）	199（31.5%）	297（47.4%）	706（38.9%）
	和同事	13（2.3%）	18（2.9%）	35（5.6%）	66（3.6%）
	跟旅游团	0（0）	1（0.2%）	4（0.6%）	5（0.3%）
消费支出	没有消费	212（37.9%）	36（5.7%）	42（6.7%）	290（16.0%）
	100 元以下	270（48.3%）	222（35.2%）	343（54.7%）	835（46.0%）
	101～200 元	47（8.4%）	146（23.0%）	139（22.2%）	332（18.2%）
	201～300 元	18（3.2%）	117（18.6%）	57（9.1%）	192（10.6%）
	300 元以上	12（2.1%）	110（17.5%）	46（7.3%）	168（9.2%）

（续上表）

项目	类型	数量及百分比			合计
		城区绿道	乡村绿道	自然绿道	
消费分布*（多选题）	租自行车	37（10.8%）	142（23.4%）	267（44.7%）	446（28.8%）
	汽油费/停车费	17（4.9%）	184（30.3%）	78（13.1%）	279（18.0%）
	公共交通	152（44.2%）	49（8.1%）	167（28.0%）	368（23.8%）
	餐饮	252（73.3%）	468（77.1%）	452（75.7%）	1 172（75.7%）
	购物	30（8.7%）	118（19.4%）	44（7.4%）	192（12.4%）
	住宿	2（0.6%）	32（5.3%）	7（1.2%）	41（2.6%）
	其他	10（2.9%）	7（1.2%）	4（0.7%）	21（1.4%）

注：*各类型绿道均有使用者没有消费行为，城区绿道组缺失值215，乡村绿道组缺失值24，自然绿道组缺失值30。

使用者的陪同方式是绿道社会交往功能的具体实现方式。在陪同方式方面，比重最高的是和家人/亲戚（45.2%）、和朋友/同学（38.9%）一起使用绿道，二者合计比重超过八成。接着依次是自己一人（9.4%）、和同事（3.6%）、携带宠物（2.6%）、跟旅游团（0.3%）。对比三类绿道，不同类型绿道使用者在陪同方式方面呈现出显著的差异。城区绿道中，自己一人、携带宠物合计占26.7%，超过其他两类绿道20多百分点。乡村绿道使用者中，家人或亲戚陪同的比重高达61.2%，远高于城区绿道（33.5%）和自然绿道（39.7%），自己一人前来的比重仅有2.4%。在自然绿道中，和朋友/同学前来的比重最高，占47.4%。总之，与城区绿道相比，乡村绿道、自然绿道的社会交往功能更加明显，乡村绿道更便于进行家庭型的人际交往，而自然绿道更便于进行同学朋友型的人际交往。

国外的一些使用者消费行为的研究表明，作为一类公共配套设施和新型的旅游资源，与大多旅游点相比，游憩型绿道的人均消费金额偏低，这一点在本研究中也得到了验证。广州市绿道使用者消费金额在100元以下的比重最高，占46.0%，无消费的比重也有16.0%，接着是101~200元（18.2%）、201~300元（10.6%），消费300元以上的仅占9.2%。城区绿道便于到达，且大多使用者停留时间较短，因而低消费现象更加明显，没有消费的使用者比重高达37.9%，消费100元以下的也接近半数（48.3%）。乡村绿道沿线的商业化发展迅速，且使用者停留时间较长，有效促进了使用者的消费行为。三类绿道中，乡村绿道使用者消费金额最高，消费额在200元以上的高达36.1%，远高于城区绿道（5.3%）和自然绿道（16.4%）。自然绿道沿线的商业化发展受到一定程度的法规限制，从而降低了使用者的消费选择机会。本调查显示，自然绿道使用者消费金额居中，消费金额在100元以下的超过半数（54.7%）。

使用者的消费行为与交通方式、使用方式、停留时间密切相关。通过对拥有消费行为的绿道使用者的统计发现，使用者最主要的消费为餐饮支出（75.7%），三类绿道均超过七成。接着依次为租自行车（28.8%）、公共交通（23.8%）、汽油费/停车费

（18.0%）、购物（12.4%）。对比三类绿道，城区绿道使用者的公共交通支出比重最高，高达44.2%，远超过乡村绿道（8.1%）和自然绿道（28.0%）。乡村绿道使用者在汽油费/停车费、购物、住宿方面的支出比重在三类绿道中最高，分别为30.3%、19.4%、5.3%。在租自行车支出方面，自然绿道使用者比重最高，达44.7%，远高于乡村绿道（23.4%）和城区绿道（10.8%）。

4.3　绿道使用行为综合分析

4.3.1　使用者人口学特征对使用行为的影响

使用者人口学特征包括性别、年龄、居住地、学历、职业、收入水平等因素，是客源市场的基本特征，也是客源市场细分的重要依据之一。不同类型的绿道、同类型绿道的不同节段，使用者人口学特征应该存在或多或少的差别。对绿道使用者人口学特征进行分析，对于绿道的管理和推广应用具有多方面的意义。该方面的研究结果能够：①为细分使用者提供依据；②为确定目标市场提供数据支撑；③为相关部门的绿道配套设施建设、旅游产品开发等方面的决策提供参考；④为绿道的宣传推广指明方向，了解使用者人口学特征及其对决策的影响有助于在绿道宣传推广活动中做到有的放矢。

本次调查显示，男性与女性在广州绿道的使用方面具有鲜明的差异。如一些研究已经证明，绿道建设对于社区女性居民具有更为重要的激励作用，更多的女性与其他人结伴使用绿道。调查表明，单独一人使用绿道的男性占71.2%，远高于女性（28.8%），而和家人或朋友共同使用绿道的使用者则女性比重更高。通过性别与多项使用行为的卡方检验得出以下结论：重游率方面，女性与男性存在显著性差异（$p=0.017$。显著性差异即p值小于0.05，边界显著性差异即p值大于0.05而小于0.1，p值大于0.1即不存在显著差异）；陪同方式方面，存在显著性差异（$p=0.000$）；消费支出方面，存在显著性差异（$p=0.007$）；绿道与居住地距离方面，呈边界显著性差异（$p=0.082$）；绿道停留时间方面，存在边界显著性差异（$p=0.070$）；交通方式方面，无显著差异（$p=0.124$）。

将使用者分为广州市和外地使用者两种类型，通过居住地与多项使用行为的卡方检验得出以下结论：陪同方式方面，存在显著性差异（$p=0.003$）；重游率方面，存在显著性差异（$p=0.000$）；交通方式方面，无显著差异（$p=0.254$）；绿道停留时间方面，存在边界显著性差异（$p=0.074$）；绿道与居住地距离方面，存在显著性差异（$p=0.000$）；消费支出方面，存在显著性差异（$p=0.000$）。

绿道使用者的年龄在一定程度上影响着使用者的身体状况、经济状况以及闲暇时间，进而对使用行为产生影响。如Gobster（2005）的研究就证明，老年人与其他年龄段使用者相比，使用绿道频率更高。按30岁以下、31~45岁、46~60岁、60岁以上将受访者分为四组进行卡方检验，结果显示：重游率、交通方式、绿道与居住地距离、消费支出等指标均呈现显著性差异，各项指标的p值均为0.000。城区绿道的大多使用者距离绿道较近，交通成本低，年龄的因素对于绿道使用的影响更为明显。通过城区绿道使用者的年龄与重游率的交叉分析可看出，重游率在11次以上的使用者，30岁及以下的仅有21.1%，31~45岁的有47.5%，而46~60岁、60岁以上的则分别高达65.4%、86.1%。可见随着年龄的增长，使用者对绿道的依恋水平越高，对绿道的使用频率越高（见表4-4）。

表4-4　城区绿道使用者的年龄与重游率交叉分析

重游率	年龄			
	≤30	31~45	46~60	>60
1	98（29.5%）	28（20.1%）	7（13.5%）	0（0）
2~4	106（31.9%）	25（18.0%）	2（3.8%）	2（5.6%）
5~11	58（17.5%）	20（14.4%）	9（17.3%）	3（8.3%）
>11	70（21.1%）	66（47.5%）	34（65.4%）	31（86.1%）
	$n=332$	$n=139$	$n=52$	$n=36$

通过城区绿道使用者的年龄与使用方式的交叉分析表明，尽管步行/散步是绿道的主要使用方式，且随着使用者年龄的增加，其会更多地选择这一方式。45岁及以下的使用者选择步行/散步的不足五成，而46~60岁、60岁以上的使用者选择步行/散步的比重分别为71.8%、84.0%。骑自行车则与步行/散步相反，30岁以下比重最高，随着年龄的增长，这一比重逐步下降。而到绿道附近游玩则是中年人比较喜欢的使用方式（见表4-5）。

表4-5　城区绿道使用者的年龄与使用方式交叉分析

使用方式	年龄			
	≤30	31~45	46~60	>60
步行/散步	531（48.7%）	271（48.0%）	79（71.8%）	42（84.0%）
骑自行车	472（43.3%）	210（37.2%）	24（21.8%）	2（4.0%）
绿道附近游玩	214（19.6%）	171（30.3%）	27（24.5%）	9（18.0%）
跑步	62（5.7%）	46（8.1%）	9（8.2%）	4（8.0%）
	$n=1\ 091$	$n=565$	$n=110$	$n=50$

注：使用方式为多选题。选取主要使用方式分析，故未将玩滑板列入。

Price等（2013）的研究表明，在城区绿道，学历较低的使用者更多地主动前来，使用绿道频率较高，此结论同样适用于本研究。城区绿道使用者的学历越高，重游率为11次以上的使用者比重趋于下降。乡村绿道和自然绿道的使用者使用频率较低，学历与使用频率之间的关联则没有城区绿道显著。将本科以下与本科及以上学历的使用者数据进行卡方检验，结果显示，在重游率方面，存在显著性差异（$p=0.000$）；在交通方式方面，存在显著性差异（$p=0.000$）；在陪同方式方面，不存在显著差异（$p=0.935$）；

在绿道停留时间方面，呈显著性差异（$p=0.040$）；在绿道与居住地距离方面，存在显著性差异（$p=0.000$）；在消费支出方面，存在显著性差异（$p=0.000$）。

使用者的职业在一定程度上决定了其经济能力和闲暇时间，进而对其绿道使用行为产生重要影响。将职业合并为政府/事业单位人员、学生、企业员工及其他三组数据进行卡方分析，结果显示：在重游率、交通方式、陪同方式、绿道停留时间、绿道与居住地距离、消费支出等方面均存在显著性差异，除绿道停留时间的 p 值为0.008，其他项目的 p 值均为0.000。

关于使用者年收入对其绿道使用行为的影响方面，将低收入（年收入小于6万元）和中高收入（大于6万元）的使用者数据进行卡方检验，结果显示，在重游率方面，存在显著性差异（$p=0.000$）；在消费支出方面，存在显著性差异（$p=0.000$）；在绿道与居住地距离方面，不存在显著差异（$p=0.265$）；在绿道停留时间方面，不存在显著差异（$p=0.132$）；在陪同方式方面，存在显著性差异（$p=0.000$）；在交通方式方面，存在显著性差异（$p=0.000$）。本调查结果显示，随着使用者年收入的增加，选择自驾车前往绿道的比例越高。年收入为10～15万元、15万元以上的使用者，自驾车前往绿道的比重分别高达57.1%、66.2%。年收入较低的使用者更多地选择公共交通等方式。随着年收入的增加，使用者的消费支出也呈现上升趋势。

4.3.2　游憩型绿道多功能实现的评估

绿道使用者的使用目的体现了游憩型绿道的根本功能——游憩，使用方式的具体分布则具体反映了游憩型绿道多功能的实现途径。通过对使用目的与使用方式的交叉分析可以看出（见表4－6），广州绿道使用者的动机很大程度上影响了使用方式。以运动健身为目的的使用者，多选择骑自行车（55.1%）、步行/散步（46.2%）、绿道附近游玩（17.0%）、跑步（11.9%）。以通勤为目的的使用者，基本以步行/散步为主（72.6%），或者将绿道作为到附近旅游点游玩的途径（18.9%）。以游憩休闲为目的的使用者，以步行/散步（50.8%）、骑自行车（39.6%）和绿道附近游玩（24.7%）为主。以人际交往为目的与以游憩休闲为目的使用者的使用方式相似，只是到绿道附近游玩的比重更高（41.1%）。综合可见，无论以何种目的来到绿道，广州绿道使用者的使用方式均以步行/散步、骑自行车和绿道附近游玩为主。但城区、乡村和自然绿道的游憩功能实现仍呈现出不同的特点：①步行/散步是城区绿道使用者使用绿道的主要方式。使用者无论基于什么目的使用绿道，均以步行/散步为主（通勤84.5%，运动健身76.8%，游憩休闲76.9%，人际交往71.4%）。②骑自行车是乡村、自然绿道使用者使用绿道的主要方式。使用者无论基于何种使用目的，骑自行车所占比重均远高于城区绿道使用者。两种绿道的使用者，以运动健身为目的的，骑自行车所占比重均占到七成，而以通勤为目的的均占到四成。但以游憩休闲、人际交往为目的的使用者则呈现出显著差异，自然绿道使用者选择骑自行车的比重则均超过六成，而乡村绿道使用者选择骑自行车的则仅为四成左右。③跑步作为一类常见的绿道健身方式，以通勤为目的的自然绿道使用者（27.3%）和乡村绿道使用者（23.1%）、以运动健身（21.1%）与人际交往（15.7%）为目的的城区绿道使用者选择跑步的比重最高。④到绿道附近游玩的使用者比例，也从侧面反映出绿道周边的旅游资源的多样化水平。与自然绿道相比，乡村绿道、城区绿道使用者更多地选择去绿道附近游玩，其中以人际交往、游憩休闲为目的的使用者比重最高，分别占四成以上和三成左右。

表 4－6　绿道使用者使用目的与使用方式交叉分析

（单位:%）

	运动健身（n＝312）				通勤（n＝95）				游憩休闲（n＝1 475）				人际交往（n＝241）			
	城区绿道	乡村绿道	自然绿道	合计	城区绿道	乡村绿道	自然绿道	合计	城区绿道	乡村绿道	自然绿道	合计	城区绿道	乡村绿道	自然绿道	合计
步行/散步	76.8	38.5	28.1	46.2	84.5	30.8	45.5	72.6	76.9	46.3	35.8	50.8	71.4	44.0	40.0	50.6
骑自行车	17.9	68.8	73.6	55.1	7.0	38.5	36.4	14.7	7.7	39.5	63.5	39.6	11.4	42.0	68.6	40.7
跑步	21.1	4.2	10.7	11.9	2.8	23.1	27.3	8.4	6.0	3.6	4.1	4.4	15.7	5.0	2.9	7.5
玩滑板	1.1	1.0	1.7	1.3	1.4	7.7	18.2	4.2	0.7	2.1	0.9	1.3	0	4.0	2.9	2.5
绿道附近游玩	18.9	21.9	11.6	17.0	19.7	15.4	18.2	18.9	27.6	31.8	15.4	24.7	44.3	44.0	32.9	41.1

注：使用目的为以上四类之外的统计未列入。

4.3.3　绿道使用者的类型划分

在国内外学者的相关研究中，基于使用者抽样数据进行分类的研究尚未见，本研究在此方面进行了尝试。根据本次调查中使用者交通方式、绿道与居住地距离、陪同方式、绿道停留时间、消费支出和重游率6个行为特征，通过对广州市9个绿道节段的总数据进行对应分析，可以归纳出绿道使用者的3个典型群体（见图4－2），即包括：①社区居民。社区居民的使用行为特征包括：距离绿道近（3千米以内），自己一人或携带宠物选择步行前往绿道，停留时间在1小时以内，没有消费，到访次数在11次以上。这类使用者出于运动健身、游憩休闲或通勤目的，从事短时间游憩健身行为，或只是路过该绿道节段。②休闲旅游者。休闲旅游者的使用行为特征包括：距离绿道远（8千米以上），与家人、同事或亲戚一同自驾车或团体包车前往绿道，停留时间最长（超过3小时，甚至是过夜），消费支出最多（均在100元以上），为第一次到访该处绿道。这类使用者以游憩休闲或人际交往为目的，进行远距离的“一日游”活动（以自驾车的家庭出游为主），以点状的绿道使用行为（使用本地绿道或在绿道附近游玩）为主，即“4＋2”模式。“4＋2”指的是4个轮子加2个轮子的骑行活动——通过汽车和自行车（自带自行车，或到达绿道后租赁自行车）的搭配使用绿道。这也是当前广州郊区和乡村地区绿道使用的一类主要方式。③过路者。这部分使用者多是使用区域绿道，或是到绿道附近的其他目的地，只是将绿道节段当作一个“驿站”做短暂停留，停留时间为1～3小时，通过骑自行车或公共交通方式到达绿道，有朋友或同学陪同，消费支出较低（少于100元）。

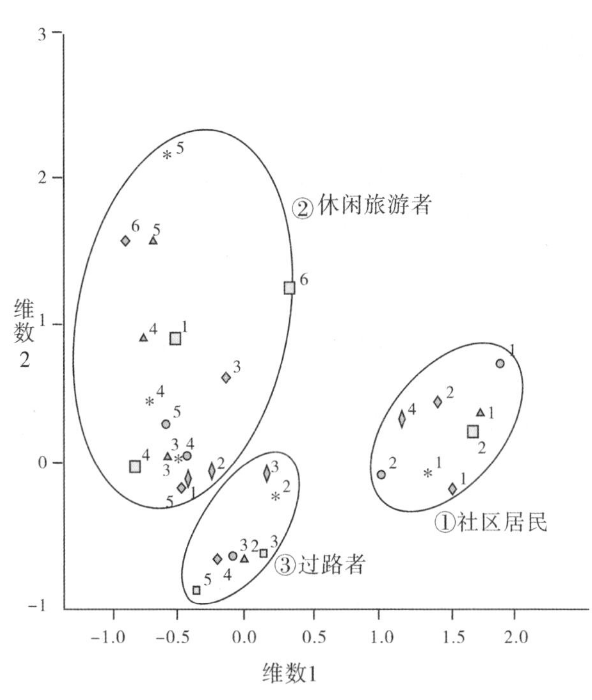

□ 交通方式："1"=自驾车，"2"=步行，"3"=骑自行车 "4"=团体包车，"5"=公共交通，"6"=其他方式

○ 绿道与居住地距离："1"=<1千米，"2"=1~3千米，"3"=3~8千米，"4"=8~15千米，"5"=>15千米

◇ 陪同方式："1"=自己一人，"2"=携带宠物，"3"=和家人/亲戚，"4"=和朋友/同学，"5"=和同事，"6"=跟旅游团

* 停留时间："1"=<1h，"2"=1~3h，"3"=3~5h，"4"=5~10h，"5"=>10h

△ 消费金额："1"=￥0，"2"=<￥100，"3"=￥101~200 "4"=￥201~300，"5"=>￥300

◊ 重游率："1"=1，"2"=2~4，"3"=5~11，"4"=>11

图 4 - 2　对应分析结果

通过消费分布与消费支出的交叉分析可看出（见表 4 - 7），休闲旅游者与过路者在消费结构上呈现出明显差异。过路者停留时间较短，消费支出较低，消费支出以餐饮（69.3%）、公共交通（30.0%）和租自行车（30.1%）为主。休闲旅游者停留时间较长，消费支出随之增加，消费支出的种类也更加多元，其中餐饮、购物、汽油费/停车费、住宿等支出的比例都有所增加。

表 4 - 7　消费分布与消费支出交叉分析

消费分布	消费金额			
	100 元以下	101 ~ 200 元	201 ~ 300 元	300 元以上
租自行车	258（30.1%）	105（31.8%）	44（22.9%）	39（23.2%）
汽油费/停车费	89（10.4%）	78（23.6%）	54（28.1%）	58（34.5%）
公共交通	257（30.0%）	62（18.8%）	32（16.7%）	17（10.1%）
餐饮	595（69.3%）	281（85.2%）	159（82.8%）	137（81.5%）
购物	62（7.2%）	49（14.8%）	44（22.9%）	37（22.0%）
住宿等	14（1.6%）	12（3.6%）	9（4.7%）	27（16.1%）
	$n=858$	$n=330$	$n=192$	$n=168$

注：具有消费行为的使用者样本数为 1 548，消费分布为多选题。

4.3.4 使用者行为多指标的相关性分析

使用 SPSS19.0 统计软件，分别对绿道使用者的重游率、绿道与居住地距离、绿道使用经验、停留时间和消费支出进行相关分析，以此判断这 5 个变量之间的两两相关关系。由表 4 - 8 可以得出以下结论：使用者绿道使用经验和重游率、绿道与居住地距离、停留时间、消费支出等四项指标均存在显著正相关关系，即随着使用者绿道使用经验的增加，其他四个指标的数值也随之增加，Pearson 相关系数的绝对值从大到小依次为重游率（$r=0.166$）、消费支出（$r=0.124$）、绿道与居住地距离（$r=0.107$）和停留时间（$r=0.093$），即表明经验丰富的绿道使用者，出游距离更远，重游率更高，停留时间更长，消费支出更多；绿道与居住地距离和消费支出（$r=0.413$）、停留时间（$r=0.293$）存在显著正相关关系，停留时间与消费支出的 Pearson 相关系数为 0.450，可见停留时间和绿道与居住地距离是影响消费支出的两个重要指标，停留时间、绿道与居住地距离的增加能够有效提升使用者的消费支出；使用者重游率和绿道与居住地距离（$r=-0.419$）、停留时间（$r=-0.125$）、消费支出（$r=-0.249$）存在显著负相关关系，可见随着绿道与居住地距离的增加，使用者的重游率随之降低，重游率较低的使用者停留时间更长，消费支出也更多。

表 4 - 8 绿道使用者重游率、绿道与居住地距离、绿道使用经验、停留时间和消费支出之间的相关程度

变量名称	重游率	绿道与居住地距离	绿道使用经验	停留时间	消费支出
重游率		-0.419**	0.166**	-0.125**	-0.249**
绿道与居住地距离			0.107**	0.293**	0.413**
绿道使用经验				0.093**	0.124**
停留时间					0.450**
消费支出					

注：** 表示在 0.01 水平（双侧）上显著相关。

4.4 小结

4.4.1 绿道使用者人口学特征分析

受访者中，男性与女性数量大致相当，城区绿道的受访者男性略多于女性，另两类绿道则是女性略多。绿道作为一类游憩和健身设施，主要服务对象为广州居民。绿道与城区的距离，对使用者的居住地结构产生了重要影响。绿道使用者以 19 ~ 30 岁的青年人为主，其中又以自然绿道比例最高；31 ~ 45 岁的使用者也占有较大比重，其中又以乡村绿道比例最高。受访者的学历结构，三种类型绿道均呈现出大致相同的分布，为本科、

高中/中专的最多。职业为学生、企业员工、自由职业者的绿道使用者在三种类型绿道中均占据较大比重。其中，城区绿道的离退休人员比例显著高于其他两种类型；乡村绿道的政府/事业单位人员、个体户比例显著高于其他两种类型；自然绿道的学生比例显著高于其他两种类型。受访者以中低收入为主，其中无经济收入的（如学生、家庭主妇等）均占有较大比重。

4.4.2　绿道使用者行为特征分析

（1）决策阶段：乡村绿道、自然绿道的受访者，第一次到访的比重均接近半数，而城区绿道的受访者中，比重最高的是到访11次以上的受访者。口碑宣传是乡村绿道、自然绿道使用者获知绿道信息的首要途径，而城区绿道使用者，信息获取主要的途径则是“家在附近”。绿道与城区的距离越大，服务半径也随之增加。城区绿道使用者，以近距离的为主，小于8千米的使用者比重达到七成，乡村绿道与自然绿道距离城区较远，远距离使用者（大于8千米）比重则较高。随着距离的增加，绿道使用者数量呈现出“先增长，后降低”的趋势，而并不是简单的距离衰减，峰值点的位置主要取决于绿道与都市区（使用者主要客源地）之间的距离。城区绿道使用者步行到达绿道的比重最高，其次是选择公共交通。乡村绿道使用者则多数是自驾车到达，其次是骑自行车。而自然绿道使用者则以公共交通到达的比重最高，其次是自驾车和骑自行车。

（2）使用阶段：绿道使用者以游憩休闲为目的的比重最高，其次是运动健身、人际交往。对比三类绿道，城区绿道中以通勤为目的的使用者比重最高，以游憩休闲为目的的使用者比例最低；自然绿道中以游憩休闲为目的的使用者比例最高，以运动健身为目的的比例同样较高；乡村绿道中以人际交往为目的的比重最高。步行/散步是广州绿道最普遍的一种使用方式，其次是骑自行车、绿道附近游玩。三种类型的绿道使用者在行为方面具有较大的差异。对比而言，城区绿道使用者选择步行/散步的比重最高，而自然绿道使用者选择骑自行车的比重最高。选择到绿道附近游玩的，乡村绿道比重最高。在停留时间方面，停留1～3小时的使用者比重最高。对比三类绿道，城区绿道中短时间停留的使用者比重最高，停留时间3个小时以内的使用者比重远高于乡村绿道、自然绿道，而停留10个小时以上的没有发现。乡村绿道使用者停留时间较长，过夜者较多。自然绿道使用者停留时间居中。在陪同方式方面，比重最高的为与家人/亲戚、同学/朋友一起使用绿道，二者合计比重超过八成。城区绿道中自己一人、携带宠物的使用者比重为最高；乡村绿道使用者中，和家人/亲戚的比重远高于城区绿道、自然绿道；自然绿道中，和朋友/同学前来的比重最高。广州绿道使用者的消费支出不高，使用者消费支出在100元以下（包括无消费的）的比重超过六成。城区绿道使用者的低消费现象更加明显，乡村绿道使用者消费支出最高。拥有消费行为的使用者最主要的消费支出为餐饮，三类绿道均超过七成，其次为租自行车、公共交通等。城区绿道使用者的公共交通支出比重最高；乡村绿道使用者在汽油费/停车费、购物、住宿方面的支出比重在三类绿道中最高；在租自行车支出方面，自然绿道使用者比重最高。

4.4.3 绿道使用行为综合分析

使用者的各项人口学特征对使用者的重游率、陪同方式、消费支出、绿道与居住地距离、停留时间、交通方式等使用行为具有不同程度的影响。不同类型绿道节段游憩功能的实现呈现出不同的特点，使用者的动机很大程度上决定了绿道使用方式。以运动健身为目的的使用者，多选择骑自行车、步行/散步。以通勤为目的的使用者，基本以步行/散步为主。以游憩休闲为目的的使用者，多选择步行/散步、骑自行车和绿道附近游玩。以人际交往为目的的使用者的使用方式与以游憩休闲为目的的使用者相似，只是到绿道附近游玩的比重更高。城区、乡村和自然绿道的游憩功能的实现也呈现出来不同的特点。通过对应分析，将绿道使用者分为社区居民、休闲旅游者和过路者三个典型群体。社区居民往往以运动健身、游憩休闲或通勤为目的，进行短时间游憩健身，或只是路过某一绿道节段。休闲旅游者则往往以游憩休闲或人际交往为目的，进行远距离的“一日游”活动（以自驾车的家庭出游为主），以在绿道周边游玩为主。过路者多是使用区域绿道，或是到绿道附近的其他目的地，只是将绿道节段当作一个“驿站”做短暂停留。

使用者绿道使用经验和重游率、绿道与居住地距离、停留时间、消费支出等四项指标均存在显著正相关关系。消费支出和绿道与居住地距离、停留时间的 Pearson 相关系数为较大正值，可见停留时间、绿道与居住地距离的增加能够有效提升使用者的消费支出。使用者的重游率和绿道与居住地距离、停留时间、消费支出存在显著负相关关系。可见，随着绿道与居住地距离的增加，使用者的重游率随之降低，重游率较低的使用者停留时间更长，消费支出也更多。

第 5 章　绿道使用者体验满意度研究

5.1　绿道使用者总体满意度

本研究结果显示，广州绿道使用者的总体满意度较高，满意和非常满意的使用者比重达77.4%（见表5－1）。对比而言，城区绿道满意度最高（81.4%），其次是自然绿道（77.5%）和乡村绿道（73.8%）。

表5－1　绿道使用者总体满意度调查结果

	使用者总体满意度（数量及百分比）				
	非常满意	满意	一般	不满意	非常不满意
城区绿道	98（17.5%）	357（63.9%）	100（17.9%）	4（0.7%）	0（0）
乡村绿道	101（16.0%）	365（57.8%）	148（23.5%）	10（1.6%）	7（1.1%）
自然绿道	78（12.4%）	408（65.1%）	134（21.4%）	5（0.8%）	2（0.3%）
合计	277（15.2%）	1 130（62.2%）	382（21.0%）	19（1.0%）	9（0.5%）

5.2　基于IPA方法的绿道使用者满意度评价

参照Mundet等（2010）、Shafer等（1999）、杨香花等（2012）的研究，并结合本研究目的，调查设计了13个项目来测量使用者对绿道相关因素的重要性评价和体验满意度评价，包括绿道规划设计（包括路面状况、与景点的连接状况、服务中心、标识指引、休闲设施、卫生设施、安全保障7个项目）、绿道使用环境（包括沿线生态环境、沿线商业发展、沿线卫生状况、与公共交通的衔接、绿道使用密度、通信网络信号6个项目）两个方面。所有项目均采用李克特量表（Five－point Liket scale），为每一个评分级度赋值，“1”表示非常不满意或非常不重要，“2”表示不满意或不重要，“3”表示一般，“4”表示满意或重要，“5”表示非常满意或非常重要。

5.2.1　可靠性分析

可靠性分析是一种测度综合评价体系是否具有一定稳定性和可靠性的有效分析方法。对于绿道使用者的体验满意度调查来说，可靠性是公众满意度调查问卷所能反映的公众评价的程度。本研究使用SPSS19.0统计软件，采用内部一致性系数（Cronbach's α）来测量李克特量表的可信度。一般而言，α 系数大于0.7表示问卷的可靠性较高，大于

0.5 小于 0.7 表示可靠性一般，可作进一步分析。由表 5-2 可见，三组数据的重要性和满意度变量的 α 系数均大于 0.7，即具有较高的可信度。

表 5-2　可靠性分析结果

变量	α 系数		
	城区绿道	乡村绿道	自然绿道
重要性变量	0.874	0.883	0.891
满意度变量	0.857	0.992	0.883

5.2.2　使用者对绿道各评价项目的重要性评价

为了反映使用者对广州绿道各评价项目的重要性感知情况，本研究测量了各评价项目的重要性平均数和标准差，并将各评价项目按重要性均值从高到低排序。表 5-3 显示了测量结果。13 个评价项目的标准差皆小于 1.5，表明公众对各评价项目的重要程度的态度偏差较小，具体表现为：①城区绿道。各评价项目重要性的平均得分为 3.72 ~ 4.49，使用者最为重视的三项分别是沿线生态环境（均值 =4.49）、休闲设施（均值 = 4.42）和卫生设施（均值 =4.40）。较为不重视的四项分别是沿线商业发展（均值 = 3.72）、服务中心（均值 =3.83）、通信网络信号（均值 =4.07）和绿道使用密度（均值 =4.07）。②乡村绿道。各评价项目重要性的平均得分为 4.01 ~4.50，使用者最为重视的三项分别是沿线生态环境（均值 =4.50）、卫生设施（均值 =4.48）和路面状况（均值 =4.45）。较为不重视的三项分别是沿线商业发展（均值 =4.01）、服务中心（均值 =4.17）、与景点的连接状况（均值 =4.24）。③自然绿道。各评价项目重要性的平均得分为 3.92 ~4.62，使用者最为重视的三项分别是沿线生态环境（均值 =4.62）、卫生设施（均值 =4.56）和标识指引（均值 =4.49）。较为不重视的三项分别是沿线商业发展（均值 =3.92）、服务中心（均值 =4.22）、与景点的连接状况（均值 =4.30）。

可以看出，上述 13 个项目得分均介于重要和非常重要之间，说明各个项目对绿道使用者来讲均比较重要。但通过三种类型绿道对比也可以看出，各种绿道沿线生态环境、卫生设施均为使用者最重视的项目，而绿道沿线商业发展、服务中心则是使用者普遍不重视的项目。杨香花等（2012）的研究表明：“绿道是休闲场所，公众更期望一个宁静、优美的环境，而不是商店、摊位密布。”本研究同样证实了这一点。城区绿道使用者更加看重绿道的休闲设施，乡村绿道使用者更加看重绿道的路面状况，自然绿道使用者更加看重绿道的标识指引。绿道与其他景点的连接状况是乡村绿道和自然绿道使用者同样不重视的项目，与之不同的是城区绿道使用者更加不关注通信网络信号、绿道使用密度。

表5－3　各项指标项目重要性量表特征分析

项目		城区绿道（n=559）			乡村绿道（n=631）			自然绿道（n=627）		
		均值	均值排序	标准差	均值	均值排序	标准差	均值	均值排序	标准差
1	路面状况	4.31	6	0.737	4.45	3	0.692	4.46	5	0.676
2	与景点的连接状况	4.12	9	0.780	4.24	11	0.724	4.30	11	0.693
3	服务中心	3.83	12	0.933	4.17	12	0.779	4.22	12	0.814
4	标识指引	4.29	7	0.805	4.39	6	0.699	4.49	3	0.691
5	休闲设施	4.42	2	0.687	4.28	8	0.724	4.39	7	0.701
6	卫生设施	4.40	3	0.656	4.48	2	0.717	4.56	2	0.653
7	安全保障	4.31	5	0.739	4.39	5	0.746	4.46	5	0.706
8	沿线生态环境	4.49	1	0.610	4.50	1	0.652	4.62	1	0.609
9	沿线商业发展	3.72	13	0.976	4.01	13	0.838	3.92	13	0.929
10	沿线卫生状况	4.38	4	0.708	4.44	4	0.712	4.47	4	0.733
11	与公共交通的衔接	4.20	8	0.819	4.27	10	0.830	4.38	8	0.757
12	绿道使用密度	4.07	10	0.809	4.29	7	0.745	4.31	10	0.757
13	通信网络信号	4.07	10	0.952	4.28	9	0.811	4.37	9	0.764
	总平均数	4.20		0.232	4.32		0.138	4.38		0.175

注：重要性均值1＝非常不重要，2＝不重要，3＝一般，4＝重要，5＝非常重要。

5.2.3　使用者对绿道各评价项目的满意度评价

为了反映使用者对广州绿道各评价项目的满意程度，本研究测量了各评价项目满意度的平均数和标准差，以及满意度均值的排名，在表5－4中显示了测量的结果。可以看出，相对各评价项目的重要性得分，各评价项目的满意度得分较低。所有评价项目的标准差皆小于1.2，表明公众对各评价项目满意程度的态度偏差较小。

从表5－4可以看出：①城区绿道。各评价项目的满意度平均得分为3.53～3.94，介于“一般”和“满意”之间，平均值为3.77，在三类绿道使用者中满意度最高。满意度较高的为路面状况、与公共交通的衔接和绿道使用密度，满意度较低的为服务中心、沿线商业发展和安全保障。②乡村绿道。各评价项目的满意度平均得分为3.08～3.79，介于"一般"和"满意"之间，平均值为3.50，在三类绿道使用者中满意度最低。满意度较高的为沿线生态环境、与景点的连接状况、通信网络信号，满意度较低的为卫生设施、沿线卫生状况和安全保障。③自然绿道。各评价项目的满意度平均得分为3.41～3.89，介于"一般"和"满意"之间，平均值为3.64。满意度较高的为路面状况、沿线生态环境、与景点的连接状况，较低的为沿线卫生状况、安全保障、卫生设施。可见，乡村绿道和自然绿道使用者的体验满意度具有较多的相同点。

表5-4　各项指标项目满意度量表特征分析

项目		城区绿道（n=559）			乡村绿道（n=631）			自然绿道（n=627）		
		均值	均值排序	标准差	均值	均值排序	标准差	均值	均值排序	标准差
1	路面状况	3.94	1	0.625	3.68	5	0.919	3.89	1	0.664
2	与景点的连接状况	3.82	7	0.705	3.72	2	0.798	3.77	3	0.636
3	服务中心	3.53	13	0.782	3.61	6	0.859	3.67	6	0.733
4	标识指引	3.77	5	0.728	3.68	4	0.897	3.64	8	0.785
5	休闲设施	3.84	6	0.772	3.43	9	0.948	3.62	9	0.821
6	卫生设施	3.68	10	0.843	3.08	13	1.129	3.48	11	0.852
7	安全保障	3.63	11	0.771	3.23	11	0.979	3.44	12	0.824
8	沿线生态环境	3.87	4	0.735	3.79	1	0.940	3.87	2	0.750
9	沿线商业发展	3.60	12	0.714	3.57	7	0.904	3.52	10	0.750
10	沿线卫生状况	3.78	9	0.775	3.14	12	1.181	3.41	13	0.905
11	与公共交通的衔接	3.88	2	0.715	3.42	10	0.990	3.67	5	0.781
12	绿道使用密度	3.88	3	0.695	3.46	8	0.957	3.65	7	0.754
13	通信网络信号	3.81	8	0.793	3.69	3	0.873	3.68	4	0.819
	总平均数	3.77		0.124	3.50		0.232	3.64		0.150

注：满意度均值1=非常不满意，2=不满意，3=一般，4=满意，5=非常满意。

5.2.4　基于IPA方法的绿道使用者体验满意度评价

本研究运用“重要性—绩效分析”方法（又称IPA分析方法），对广州绿道13个项目进行评价。IPA分析方法的要点是：将重要性测量与绩效分析在一个二维的方格图中相结合，增强数据的解释力度，能够提出实际的建议。①A象限：重要性高、表现性好区域。表明相关项目的重要性高、贡献值高，且绿道使用者对其评价较高，发展思路是在原有基础上保持或发扬创新。该指标的属性为“继续保持”（keep up the good work）。②B象限：重要性低、表现性好区域。表明指标的重要性较低、贡献值低，但得到了使用者的较高评价，绿道管理者的战略重点有偏误，资源配置不尽合理，发展思路是调整战略重点，合理进行资源配置。该指标的属性为“过犹不及”(possible over kill)。③C象限：重要性低、表现性差区域。表明指标的重要性不高、贡献值低，同时绿道使用者评价也较低。发展思路是维持这类指标的正常运转，不作为重点关注的因素。该指标的属性为“低优先级”(low priority)。④D象限：重要性高、表现性差区域。表明指标的重要性很高、贡献值很高，但绿道使用者评价较低，存在很大问题。发展思路是绿道管理者应将这类指标作为重点，采取措施尽快改善这类指标的发展状况。该指标的属性为“亟须改进”(concentrate here)。

城区绿道使用者体验满意度“重要性—绩效”分析方格图见图5-1，从中可以看出：①落在A象限的指标数量最多，包括第1、4、5、8、10、11等6项指标，表明城区绿道的路面状况、标识指引、休闲设施、沿线生态环境、沿线卫生状况、与公共交通的衔接等因素的重要性较高，使用者满意度较高，属于“继续保持”类型因素。今后的发展思路是在保持现有水平的基础上继续追求更好的发展。②落在B象限的有2、12、13等3项指标，表明绿道与景点的连接状况、绿道使用密度、通信网络信号等因素的重要性较低，使用者满意度较高，属于“过犹不及”类型因素，以上指标保持现状即可，无须给予过多关注。③落在C象限的有3、9等2项指标，表明服务中心、沿线商业发展的重要性较低，同时使用者满意度也较低，属于“低优先级”类型因素，只要维持好甚至是控制以上指标的现有发展状态即可。④落在D象限的有6、7等2项指标，表明绿道的卫生设施、安全保障等因素的重要性较高，但使用者满意度较低，属于“亟须改进”类型因素。

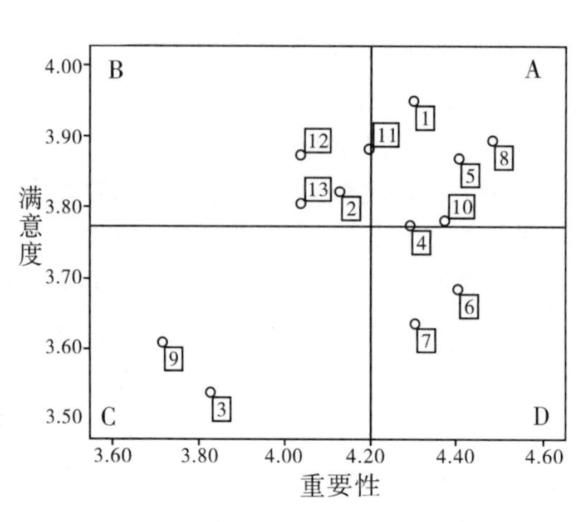

项目
1 = 路面状况
2 = 与景点的连接状况
3 = 服务中心
4 = 标识指引
5 = 休闲设施
6 = 卫生设施
7 = 安全保障
8 = 沿线生态环境
9 = 沿线商业发展
10 = 沿线卫生状况
11 = 与公共交通的衔接
12 = 绿道使用密度
13 = 通信网络信号

图 5－1　城区绿道使用者体验满意度的“重要性—绩效”分析方格图

乡村绿道使用者体验满意度“重要性—绩效”分析方格图见图 5－2。从中可以看出：①落在 A 象限的有 1、4、8 等 3 项指标，表明乡村绿道的路面状况、标识指引、沿线生态环境等因素的重要性较高，使用者满意度较高，属于“继续保持”类型因素。今后的发展思路是在保持现有水平的基础上继续追求更好的发展。②落在 B 象限的有 2、3、9、13 等 4 项指标，表明绿道与景点的连接状况、服务中心、沿线商业发展、通信网络信号等因素的重要性较低，使用者满意度较高，属于“过犹不及”类型因素。以上指标保持现状即可，无须给予过多关注。③落在 C 象限的有 5、11、12 等 3 项指标，表明休闲设施、与公共交通的衔接、绿道使用密度的重要性较低，同时使用者满意度也较低，属于“低优先级”类型因素，只要维持好甚至是控制以上指标的现有发展状态即可。④落在 D 象限的有 6、7、10 等 3 项指标，表明乡村绿道的卫生设施、安全保障、沿线卫生状况等因素的重要性较高，但使用者满意度较低，属于“亟须改进”类型因素。

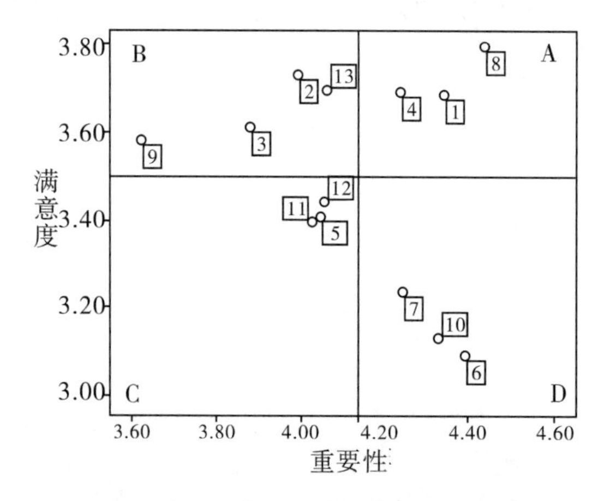

图 5－2　乡村绿道使用者体验满意度的“重要性—绩效”分析方格图

自然绿道使用者体验满意度“重要性—绩效”分析方格图见图5-3，从中可以看出：①落在A象限的有1、4、8、11等4项指标，表明自然绿道的路面状况、标识指引、沿线生态环境、与公共交通的衔接等因素的重要性较高，使用者满意度较高，属于“继续保持”类型因素。②落在B象限的有2、3、12、13等4项指标，表明绿道与景点的连接状况、服务中心、绿道使用密度、通信网络信号等因素的重要性较低，使用者满意度较高，属于“过犹不及”类型因素，以上指标保持现状即可。③落在C象限只有9这一项指标，表明沿线商业发展的重要性较低，同时使用者满意度也较低，属于“低优先级”类型因素，只要维持好甚至是控制以上指标的现有发展状态即可。④落在D象限的有5、6、7、10等4项指标，表明绿道的休闲设施、卫生设施、安全保障、沿线卫生状况等因素的重要性较高，但使用者满意度较低，属于“亟须改进”类型因素。

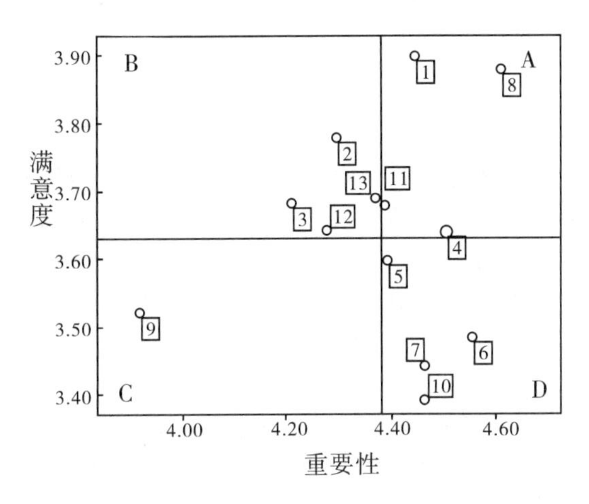

图5-3　自然绿道使用者体验满意度的“重要性—绩效”分析方格图

总体来看，在广州三种类型的绿道中，城区绿道的整体使用条件更为优良，落在A象限的指标数量最多，落在D象限的指标数量也最少。同时也可以看出，无论何种类型绿道，普遍存在的“亟须改进”的类型因素为绿道的卫生设施和安全保障问题，绿道管理相关部门需要在近期重点予以改进。此外，休闲设施不足也是乡村绿道和自然绿道存在的共性问题，而自然绿道使用者则更加重视休闲设施的配套建设。

5.2.5　各评价指标对使用者满意度的影响

本部分使用SPSS19.0软件进行多元线形回归分析，探讨绿道规划设计和绿道使用环境对使用者体验满意度的影响。如前文所述，本次问卷调查设计了13个相关指标，将每个指标所测量的因素作为一个自变量，将使用者对绿道的总体体验满意度作为因变量，以逐步回归的方式进行多元回归分析。逐步回归的基本原理是将变量一个个引入，引入变量的条件是偏回归平方和经检验是显著的，同时每引入一个新变量后，对已选入的变量要进行逐个检验，将不显著的变量剔除，以保证最后所得的变量子集中的所有变量都是显著的。这样经若干步以后便得到“最优”的变量子集。

表 5－5　逐步回归分析模型汇总

模型	R	R^2	调整 R^2	标准估计误差
1	0.270[a]	0.073	0.072	0.639 34
2	0.314[b]	0.098	0.097	0.630 65
3	0.329[c]	0.108	0.106	0.627 45
4	0.335[d]	0.112	0.110	0.626 23
5	0.339[e]	0.115	0.112	0.625 37

注：a. 预测变量（常量）：沿线生态环境。b. 预测变量（常量）：沿线生态环境、路面状况。c. 预测变量（常量）：沿线生态环境、路面状况、标识指引。d. 预测变量（常量）：沿线生态环境、路面状况、标识指引、与公共交通的衔接。e. 预测变量（常量）：沿线生态环境、路面状况、标识指引、与公共交通的衔接、服务中心。下表同。

逐步回归分析结果显示，以沿线生态环境、路面状况、标识指引、与公共交通的衔接、服务中心 5 个指标为自变量的回归模型拟合优度最大，调整后的 R^2 为 0.112（见表 5－5 至 5－7）。沿线生态环境、路面状况、标识指引、与公共交通的衔接、服务中心对使用者的总体满意度有显著的正向影响。由此可见，广州绿道的沿线生态环境、路面状况等 5 个方面较为优良，得到了使用者的认可，有效提升了体验满意度，而其他指标的正面影响程度则有限。

表 5－6　回归方程显著性检验

模型		平方和	df	均方	F	Sig.
1	回归	58.184	1	58.184	142.342	0.000[a]
	残差	741.080	1 813	0.409		
	总计	799.264	1 814			
2	回归	78.599	2	39.300	98.813	0.000[b]
	残差	720.665	1 812	0.398		
	总计	799.264	1 814			
3	回归	86.290	3	28.763	73.060	0.000[c]
	残差	712.974	1 811	0.394		
	总计	799.264	1 814			
4	回归	89.457	4	22.364	57.028	0.000[d]
	残差	709.807	1 810	0.392		
	总计	799.264	1 814			
5	回归	91.783	5	18.357	46.937	0.000[e]
	残差	707.480	1 809	0.391		
	总计	799.264	1 814			

表5-7 回归系数及其显著性

模型		非标准化系数		标准系数	t	Sig.	共线形统计量	
		β	标准误差	β			容差	VIF
1	（常量）	3.065	0.072		42.481	0.000		
	沿线生态环境	0.219	0.018	0.270	11.931	0.000	1.000	1.000
2	（常量）	2.699	0.088		30.801	0.000		
	沿线生态环境	0.163	0.020	0.200	8.237	0.000	0.841	1.189
	路面状况	0.152	0.021	0.174	7.165	0.000	0.841	1.189
3	（常量）	2.565	0.092		27.798	0.000		
	沿线生态环境	0.140	0.020	0.172	6.884	0.000	0.787	1.271
	路面状况	0.122	0.022	0.140	5.500	0.000	0.762	1.312
	标识指引	0.091	0.021	0.111	4.420	0.000	0.778	1.285
4	（常量）	2.511	0.094		26.689	0.000		
	沿线生态环境	0.126	0.021	0.155	6.051	0.000	0.745	1.343
	路面状况	0.108	0.023	0.124	4.765	0.000	0.726	1.377
	标识指引	0.079	0.021	0.097	3.775	0.000	0.747	1.338
	与公共交通的衔接	0.056	0.020	0.073	2.842	0.005	0.747	1.338
5	（常量）	2.468	0.096		25.843	0.000		
	沿线生态环境	0.119	0.021	0.147	5.689	0.000	0.732	1.366
	路面状况	0.095	0.023	0.109	4.104	0.000	0.690	1.449
	标识指引	0.063	0.022	0.076	2.841	0.005	0.676	1.480
	与公共交通的衔接	0.050	0.020	0.065	2.532	0.011	0.736	1.358
	服务中心	0.055	0.023	0.066	2.439	0.015	0.666	1.502

根据广州绿道实际情况，并参考国内外相关研究，本研究的调查问卷设计了一些与使用者的体验密切相关的指标，但上述5个变量只能解释因变量11.2%的变异，这说明还有一些影响绿道使用者的满意度的因素尚未考虑进去。本次调查主要是探讨绿道的规划设计与周边环境对使用者体验满意度的影响，但一部分使用者可能对绿道本身的感知水平有限，因而可能更关注整个游憩活动中的其他因素，如周边旅游资源与文化体育设施的吸引力、气温与天气状况等。为了验证这一可能性，本次调查问卷设计了一个问题，让使用者对于绿道在所有游憩元素中所占的比重做出评价，结果显示，42.5%的使用者认为，绿道仅占3分及以下的比重（满分5分），且三类绿道的数据差异不大。综上可以看出，绿道使用者体验满意度的影响因素多样而复杂，许多因素并不包含在绿道的规划设计与使用环境之内。

5.3 绿道使用行为与体验影响因素的综合分析

根据上述研究结果，并结合国内外相关理论研究可以发现，影响使用者的行为与体验的因素众多，既包括绿道使用者的自身特征，也包括绿道规划设计与使用环境的相关因素，同时还会受到绿道之外的众多外部环境因素的影响。根据国内外学者对消费者购买决策模式的研究，消费者购买决策包括3个基本过程，即消费者心理过程、购买决策与实施过程、购买后反馈过程。本研究借鉴消费者购买决策相关理论，在参考Dorwart等提出的自然休闲体验模型的基础上，归纳提出绿道使用者行为与体验的概念模型（见图5-4），较为全面地阐述使用行为与体验过程中的影响因素。

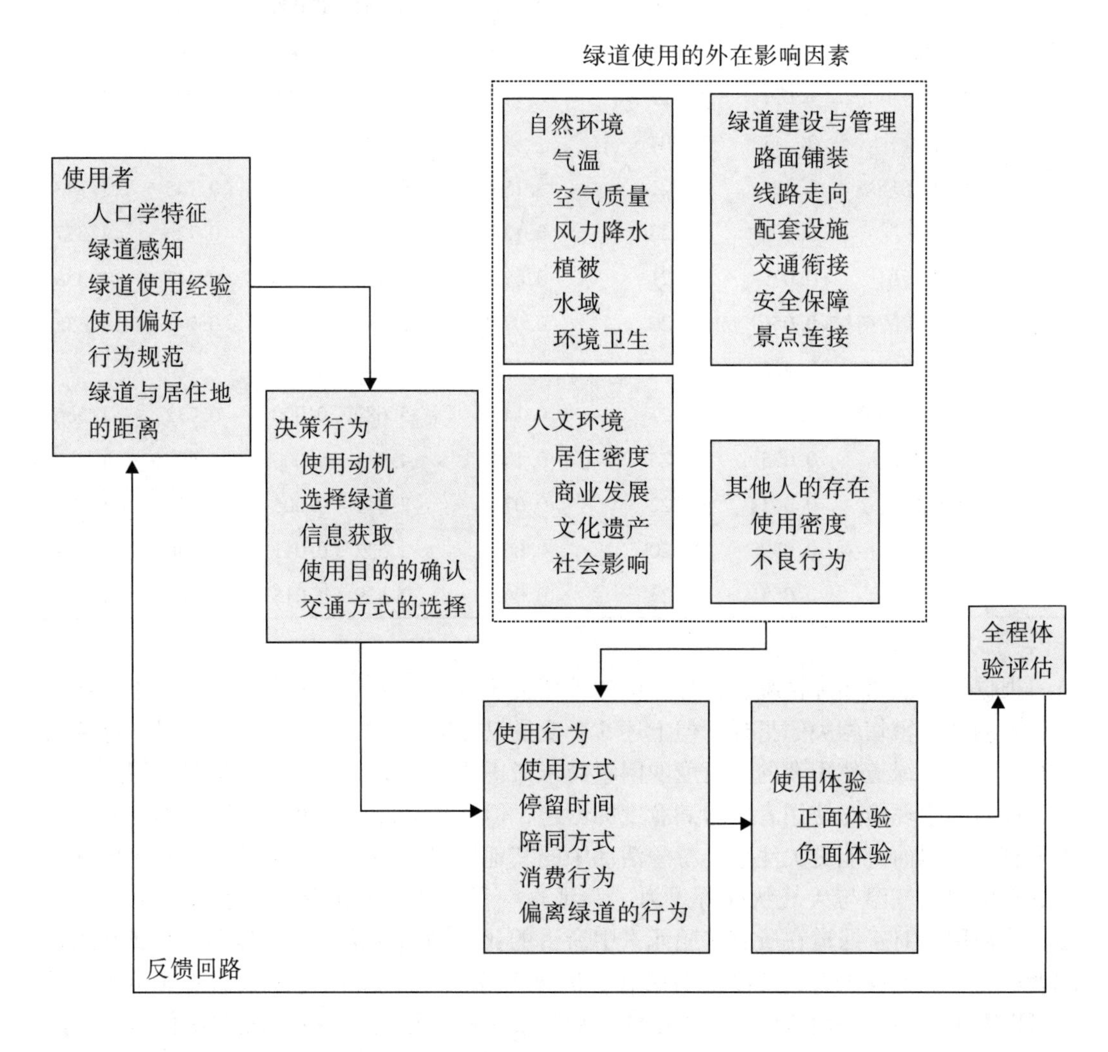

图5-4 绿道使用者行为与体验的概念模型

概念模型的第一部分为绿道使用者。绿道使用者的人口学特征包括性别、种族、年龄、受教育程度、职业、收入水平等因素。与人口学特征相关的是行为规范，行为规范的不同，会影响使用动机的类型，决定使用者的态度和感知，最终影响体验满意度水平。绿道感知是另一个关键因素，包括绿道信息获取、安全感知等内容，绿道感知水平的高低，很大程度上是使用者与非使用者之间的差异所在，同时也是使用者选择不同类型绿道的一项重要依据。使用者的绿道使用经验与绿道感知水平呈正相关关系。使用偏好的决定因素有很多。使用者会对所见到的户外环境进行“分类”。这些“分类”为个人选择户外休闲环境类型提供了一个标准。同时，性别、年龄、受教育程度、职业、社会关系等都会在一定程度上对使用者偏好产生影响。绿道与居住地的距离是影响使用行为的一项重要因素，不仅在一定程度上决定了绿道节段的服务半径，还在一定程度上决定了使用者对交通工具的选择。

概念模型的第二部分为使用者的决策行为。绿道的使用动机主要包括运动健身、通勤、游憩休闲、人际交往等。使用动机的不同，决定了使用者对绿道类型、绿道位置的选择，同样在一定程度上决定了使用方式、陪同方式、停留时间等。使用动机确认后，便是绿道的选择、信息收集。绿道的选择依据主要包括绿道与居住地的距离、绿道功能与类型、绿道的口碑与知名度、绿道可达性、绿道周边景观等因素。信息收集也主要包括以上各方面的内容，使用经验丰富的使用者收集内容也更为多元、更为细化。上述过程完成后，使用者的绿道感知水平进一步得到提升，绿道的选择得到进一步确定，使用目的得到进一步确认。

概念模型的第三部分是使用者的使用行为。绿道的使用方式主要包括步行/散步、跑步、骑自行车、绿道附近游玩、玩滑板等一系列旅游、休闲、健身及通勤行为，这也是绿道建设的最终目的和绿道功能实现的最终方式。使用方式的不同，一定程度上决定了使用者停留时间的长短。以健身与通勤为目的的使用者停留时间较短，以旅游与休闲为目的的使用者停留时间则较长。使用者的行为往往不是单独决定的，和陪同方式有密切的关系。以通勤和健身为目的的使用者更多地单独使用绿道，以旅游和休闲为目的的使用者则更多的是与家人和朋友结伴前往。使用者的行为还包括偏离绿道的行为。绿道为线形绿色空间，空间范围较小，无论出于何种目的的使用者往往会将其他行为（如餐饮、购物、住宿、到访景点或者单位机构等）与绿道使用方式相结合。使用者的使用行为受到众多外部因素的影响，该概念模型将其归纳为四个部分：①自然环境。相对于其他道路，绿道的最大特征和吸引点就是其生态环境的优良。植被、水域、空气质量等因素是自然环境的主要组成部分。相关研究已证明，同一条绿道在不同季节使用强度呈现出规律性的差异，同时气温、降水、风力等天气因素也会对绿道使用产生明显的影响。环境卫生状况对使用者的体验满意度影响较大。本研究也已证明，使用者较为看重绿道的环境卫生状况，而不满意之处也往往集中于该方面。②人文环境。居住密度主要是指人口密度。绿道邻近社区的居民是绿道，特别是社区绿道的主要使用群体。因此，居住密度的大小，对于绿道的属性定位、使用强度具有重要的影响。绿道的相关配套设施数量有限，沿线适度的商业发展能够充分满足使用者的游憩、餐饮、住宿、购物等多方位需求，进而有效提升绿道的综合吸引力，但过度的商业化则会造成负面影响。文化遗产是地方文化的精华，是重要的旅游资源。如果绿道建设与文化遗产保护利用相辅相成，文化遗产能够为绿道利用提供持续的吸引力。社会影响是指绿道的建设与推广、绿道文化的培育与宣扬、使用者社团与俱乐部的发展、相关节庆与竞技活动的组织等多方面事项的影响，对于绿道的宣传推广具有重要意义。③绿道建设与管理。绿道建设与管理对于绿道使用行为与体验具有直接的影响，路面铺装、线路走向、配套设施、交通衔接、安全保障、景点连接等都是其中重要的因素。④其他人的存在。使用密度对于使用行为与体验的影响程度，主要取决于绿道的拥挤程度。使用者数量在一定节段内过于集中时，容易发生拥挤，并可能会发生冲突或安全事故。此外，其他使用者的不良行为，如骑车速度过快、违规停放车辆、乱丢垃圾、乱刻乱画等行为，也会降低使用者的体验满意度。

概念模型最后一个部分是使用体验，包括正面与负面体验，进而形成最终的“全程体验评估”。绿道使用体验的获取往往不是静态的，而是动态循环的。因此，该模型还包括一条反馈回路。一次旅程结束后，使用者通过全程体验评估后拥有了一个新的体验水平，绿道使用经验进一步丰富，进而在之后的绿道使用行为中影响该模型中的其他决策过程。

5.4 小结

广州绿道使用者的总体满意度较高，满意和非常满意的使用者比重达77.4%。运用IPA分析方法对广州绿道体验满意度13个项目进行评价，结果发现，在广州3种类型的绿道中，城区绿道的整体使用条件更为优良，落在A象限的指标数量最多，落在D象限的指标数量也最少。同时也可以看出，无论何种类型绿道，普遍存在的“亟须改进”的类型因素为绿道的卫生设施和安全保障问题，绿道管理相关部门需要重点予以改进。休闲设施不足也是乡村绿道和自然绿道存在的共性问题，而自然绿道使用者则更加重视休闲设施的配套建设。通多对13个项目的多元线形回归分析发现，绿道沿线生态环境、路面状况、标识指引、与公共交通的衔接、服务中心对使用者的总体满意度有显著的正向影响。但上述5个变量只能解释因变量11.2%的变异，这证明了绿道使用者体验满意度影响因素的多样性和复杂性。本章归纳提出了一个概念模型来阐述绿道使用行为与体验的过程及其相关的内在与外在影响因素。该模型包括绿道使用者、决策行为、使用行为、使用体验4个部分，还包括一条反馈回路。该模型为研究绿道使用与体验的内在机理、结构、类型等提供了理论基础，对于使用者深化、优化游憩体验具有一定的指导意义，同时能够为绿道规划和管理者的决策行为提供理论支持。

第6章　绿道旅游发展对社区的影响研究

6.1　案例选择与研究方法

作为一类环境友好型的游憩设施，绿道具有良好的生态、社会和经济效益，Little（1990）就曾用“创造一条绿道，就是创造一个社区”（to make a greenway，is to make a community）这样一句话来强调绿道建设给沿线社区带来的积极影响。对比而言，乡村与荒野地区的可达性大多显著低于城市及郊区，绿道建设所带来的影响因此也会更加显著。在乡村地区，绿道最大的经济贡献往往就是推动旅游业发展，来自城区的使用者能够在乡村绿道感受到更多的宁静与安全；绿道通常是主要旅游吸引物，旅游活动会产生于住宿、饮食和休闲服务业等消费活动中（Dawe，1996；Pettengill et al.，2012）。本研究选取了省立2号绿道支线增城区莲塘春色段沿线的莲塘村开展调查，研究目的包括：考查绿道建设对乡村社区的经济推动作用；探讨绿道旅游发展对地方社会变迁的影响；验证绿道旅游对古树保护的影响；探索影响绿道旅游发展的决定性因素。

本次研究采用实地观察、访谈与问卷调查法收集相关信息与数据。其中，调查问卷部分，调查内容包括居民个人信息、绿道旅游发展的经济影响和社会影响、农业遗产保护影响、居民对绿道现状的评估等4个方面。问卷调查通过随机抽样来选取居民作为调查对象，调查地点为上、下莲塘村，调查时间为2016年11月上旬，获取问卷144份，有效问卷140份，有效率为97%。结合研究目的，本次研究采用SPSS19.0软件对数据进行统计分析。为了分析不同利益相关群体之间对绿道旅游影响感知的差异，根据收入来源的不同，将受访者分为三组，即“无关者”（未从绿道旅游中获益）、“获益者”、“不确定者”，具体样本概况见表6－1。其中，42.1%的受访者为获益者，他们的主要收入来源为农家乐经营、土特产销售、日用品销售；34.3%的受访者通过获取工资或其他收入以维持生计，为不确定者；占比最少的是以务农和外出务工为主要收入来源的受访者，即无关者，比重为23.6%。

表6－1　受访居民人口学特征概况

人口学特征		受访者			
		无关者	获益者	不确定者	合计（%）
性别	男	15	26	29	70（50.0）
	女	18	33	19	70（50.0）

(续上表)

人口学特征		受访者			
		无关者	获益者	不确定者	合计(%)
年龄	15~25	6	8	14	28(20.0)
	26~45	10	36	15	61(43.6)
	46~65	11	14	17	42(30.0)
	>65	6	1	2	9(6.4)
籍贯地	莲塘	22	27	21	70(50.0)
	邻村	4	17	5	26(18.6)
	其他地方	7	15	22	44(31.4)
文化程度	小学	15	5	5	25(17.9)
	初中	10	27	13	50(35.7)
	高中或中专	5	21	7	33(23.6)
	大专、本科或以上	3	6	23	32(22.9)
居住时间	5年以下	7	17	19	43(30.7)
	5年以上	26	42	29	97(69.3)

6.2 绿道旅游发展对社区的综合影响分析

6.2.1 经济影响

莲塘村在建设绿道之前，只是一个地处偏僻的普通村落，村里的道路均为泥土路。2008年，政府部门拨款100万元铺设了绿道，建设了服务中心等配套设施。同时，政府部门积极引导莲塘村村民开办农家乐，给予每家3万元的资金补助。2009年，莲塘村有13家农家乐对外营业，绿道旅游也随之实现了快速的起步与发展，从而彻底改变了村里的经济面貌。根据村委提供的数据，2008年，村民年均收入为4 500元，至2016年增至1.7万元；村集体年收入则由4万元增至50万元。村民如此评价绿道给莲塘村带来的变化：“没有绿道，就没有莲塘春色”；“绿道给莲塘送来了‘金凤凰’”。

开办农家乐是居住在主干道两侧村民参与旅游业的主要方式。与下莲塘村相比，上莲塘村具有更大的空间、更好的交通条件，农家乐也因此多分布于上莲塘村（见表6-2）。莲塘村农家乐协会成立于2013年，是广东省最早成立的同类协会之一。起初，协会成员有45个，后因为激烈的市场竞争导致优胜劣汰，至2017年，协会成员减少至35个。这些农家乐大多是“餐饮+免费租车”的经营模式，即游客在此吃饭，就可以不受时限地免费骑自行车（包括可以乘坐1人、2人、4人的多类型自行车）。如果自行车出现故障，农家乐还负责拖运和修理。这种经营模式，使远距离前来的游客，特别是自驾车或乘坐大巴车前来的游客几乎不需要考虑其他的选择。同时，还有6家农家乐可以提供住宿，它们加入了“增城万家旅社”的民宿连锁品牌。据村民介绍，一些农家乐的年收入较为可观，可以超过100万元，即便是经营豆腐花摊位的妇女，在旺季有时每天也可以挣4 000元。住所远离街道的一些村民多受雇于绿道管理公司。例如，一些老年妇女成为清洁工，每月收入约为2 000元。莲塘的外来人口也大幅增加，主要来自广州市的从化区、番禺区，以及东莞市、韶关市。一些外地人租赁了农舍开办农家乐，其余的外地人则是农家乐的雇佣人员。

表6－2　增城区莲塘春色景区固定经营场所统计

经营场所类型	数量与位置	备注
农家乐	上莲塘村共有27家，未营业的5家；下莲塘村共有11家，未营业的3家。	上莲塘村“餐饮＋免费租车”为主的有17家，下莲塘村有8家。提供住宿的合计有6家，均为“增城万家旅舍”成员。
百货商店	上莲塘村5家，1家渔具店；下莲塘村1家。	主要经营副食品和日常百货；莲塘渔具店主要经营渔具、饮品以及土特产。
土特产销售点	上莲塘村有2家独立的商铺，另有10个金属棚搭建的销售点；下莲塘村在堤坝上有临时摊点2个。	所售卖土特产包括客家豆腐花、土榨花生油、榄角、红薯、甘蔗汁、龙眼干、荔枝干、鱼干、花生、菜干等。
其他	养鸡场2个，电动观光车俱乐部1个，水族馆1个（已停业），银行自助服务点2个，亲子采摘园1个。	2014年，莲塘村与广州市越丰农业发展公司合作开发160亩地，第一期120亩主要种植葡萄。

注：统计时间为2016年11月。

本次问卷调查部分，设计了有关经济影响的6个问题，详见表6－3。大多数受访者认为，绿道在旅游业发展中起着关键作用（$m=4.29$），旅游业的发展有力提升了基础设施水平（$m=4.04$）、村民经济收入（$m=3.82$）和就业数量（$m=3.74$）。通过不同类型受访者的比较，获益者对绿道旅游的积极经济影响有较强的认知。相比之下，无关者在同一问题上的感知水平最低。关于负面影响，35.4%的无关者以及六至七成的其他两类受访者均认同旅游业导致莲塘村物价上涨。

表6－3　绿道旅游经济影响的受访者感知

编号	调查项目	均值	标准差	赞同率（%）		
				无关者	获益者	不确定者
A1	绿道带动了旅游业的迅速发展	4.29	0.773	84.9	93.3	89.6
A2	村容村貌有了很大改观	4.04	0.925	78.8	81.4	79.2

（续上表）

编号	调查项目	均值	标准差	赞同率（%）		
				无关者	获益者	不确定者
A3	居民的经济收入增加	3.82	0.947	54.6	86.4	70.9
A4	居民，特别是女性就业机会增加	3.74	0.977	54.5	83.0	60.5
A5	外出务工的居民数量减少	3.57	0.915	57.6	67.8	60.4
A6	本地的商品价格提高	3.16	1.123	35.4	62.7	70.8

6.2.2 社会影响

绿道旅游的发展对村民生活的多个方面产生了积极的影响。首先，绿道旅游的发展极大地改善了村民的居住环境。自2008年以来，除建设绿道外，莲塘村内的其他道路也基本实现了硬底化。政府部门或有关单位陆续增设了银行自助服务点、垃圾分类回收点、公交车站、治安点、医疗点等。其次，绿道旅游的发展彻底改变了大多数村民的生活方式。临街居住的村民大多利用民房开展了多种经营。距离街道较远的村民也多在街上或绿道沿线设立摊位售卖土特产。同时，也有不少村民已经搬到增城城区居住，把民房租给外地人。调查还发现，这部分搬走的村民之中也有一些人会在周末、节假日等旅游旺季回到村里售卖土特产。一部分村民认为种植水稻费时费力，故将稻田改为果园、菜地，或者将自家的农田租赁出去，不再从事农业生产。2014年，莲塘村进一步统筹规划了农用地，征收了部分村民土地，再招标承包，从而出现了较成规模的采摘园，丰富了莲塘春色景区的旅游产品类型。

当然，绿道旅游业也给莲塘村带来了一些负面影响。不少居民反映，莲塘村原本是一个安静的村落，现在因旅游业的发展而变得嘈杂，旅游旺季大量汽车的涌入使得居民出行多有不便，家里的小孩再也不能够像以前一样随意外出。莲塘村有远近闻名的百年乌榄树和荔枝树，在采摘季节（每年的6—7月和10—11月），游客偷摘的现象也时有发生，给村民造成了一定的损失和困扰。村民为此在许多树上都悬挂了“禁止采摘”的标识牌。在荔枝成熟季节，还有不少村民在树上悬挂一些农药瓶，以“恐吓”游客不要采摘。问卷调查部分的结果基本验证了上述走访结论（见表6－4），结果显示：与外来人口占比更高的获益者相比，无关者和不确定者（两类大多为莲塘村村民）对于绿道旅游带来的正面社会文化影响（如调查项目B1和B3）的认可程度更高；与旅游业关联较为紧密的调查项目B4至B6，获益者的认可程度则更高；对于旅游业带来的负面影响，如调查项目B8和B9，无关者则更加认同。

表 6-4　绿道旅游社会影响的受访者感知

编号	调查项目	均值	标准差	赞同率（%）		
				无关者	获益者	不确定者
B1	交通、卫生等基础设施条件得到改善	3.75	0.983	57.6	76.3	73.0
B2	居民的个人素质有所提高	3.86	0.751	84.9	77.9	75.0
B3	居民的卫生习惯有改善	3.87	0.896	78.8	74.6	77.1
B4	居民讲普通话的机会越来越多	3.55	0.984	60.6	66.1	62.5
B5	有很多外地人来本村打工	3.46	1.069	45.4	62.7	70.8
B6	有一些外地人来投资做生意	3.73	0.936	63.7	77.9	64.6
B7	从事农业生产的居民越来越少	3.69	0.864	66.7	76.3	70.8
B8	居民正常的生活与生产秩序受到干扰	3.90	0.867	87.9	66.1	77.1
B9	社会治安状况有所恶化	3.21	1.085	54.6	44.1	43.7

6.2.3　农业遗产保护影响

增城是著名的“荔枝之乡”“乌榄之乡”，历史上，两类果树一直保持大规模的种植。目前在莲塘村，生长有 1 800 余棵百年乌榄和荔枝树（其中乌榄树 1 300 余棵），很多游客也是慕名而来，在绿道骑行的同时观赏古树风韵。自 20 世纪 80 年代起，莲塘村的大多数老树已经分给村民进行管理，少数古树归村集体所有，每隔数年村委会组织“投标”，出价高的就获得这部分老树的管理和收益权。在当地，几乎每户都有属于自家的乌榄树。收获的榄果，多数由专门的乌榄加工厂直接到当地收购，外地游客也多有采购。一位经营农家乐的老板介绍说：“前些年榄果每斤才 0.5 元，现在则涨到了 8～10 元。许多外地游客自驾车到莲塘村，特别喜欢从榄树上新鲜摘下的榄果，走的时候还一箱一箱往车里搬。”近年来，乌榄、荔枝的历史文化得到了政府等部门更多的关注。村民们对这些古树的重要价值现已有了更清楚的认识，保护意识也在逐步增强，砍伐乌榄与荔枝老树的现象也在减少。

表 6-5 显示了问卷调查的结果。大多数受访者认为，古树景观是吸引游客的重要因素（$m=3.89$），莲塘村的荔枝、乌榄等当地农产品受游客欢迎（$m=4.27$），在荔枝和乌榄采摘季节游客数量会大幅增加（$m=4.00$）。旅游业的发展有效地提高了这些古树的经济效益。莲塘村负责人说，在过去的 8 年里，乌榄得到了更好的管理，年产量从过去的 5 000 公斤增加至 5 万公斤。调查结果表明，大多数村民对古树的遗产价值有明确的认识，大多数受访者认为古树是珍贵的遗产，必须认真保护（$m=4.19$）。同时认为，保护古树有利于绿色旅游的发展（$m=4.02$），政府应推动农业文化遗产的申报工作，以更好地保护古树（$m=4.04$）。无关者对调查项目 C1、C3、C7、C8 的认可率最高。获益者更清楚地了解农业遗产价值，并且对调查项目 C1、C3 至 C7 和 C10 至 C12 的认同率最高。显然，获益者是最支持古乌榄与荔枝林申报国家农业文化遗产的群体。

表6-5 绿道旅游对农业遗产保护影响的居民感知

编号	调查项目	均值	标准差	赞同率（%）		
				无关者	获益者	不确定者
C1	乌榄与荔枝老树是莲塘村居民的宝贵文化遗产，要重点保护	4.19	0.745	90.9	94.9	81.3
C2	乌榄与荔枝老树景观是吸引游客的重要元素	3.89	0.793	81.9	77.9	75.0
C3	游客喜欢乌榄、荔枝、迟菜心等本地特色农产品	4.27	0.610	90.7	98.3	91.7
C4	乌榄与荔枝采摘季节，游客数量会增加很多	4.00	0.814	78.9	86.4	83.3
C5	本村乌榄、荔枝的市场收益得到了很大提升	3.89	0.759	75.8	84.7	70.8
C6	居民对乌榄等老树的重要价值有了更清楚的认识	3.86	0.819	75.8	81.3	75.0
C7	本地村民对乌榄与荔枝老树的保护意识增强	3.94	0.722	84.9	81.3	68.7
C8	本地村民对乌榄与荔枝老树加强了管理	3.94	0.712	90.9	79.6	73.0
C9	砍伐乌榄与荔枝老树的现象减少	3.86	0.861	81.8	76.3	64.6
C10	政府应该推动古乌榄与荔枝林申报国家农业文化遗产等高层次保护	4.04	0.714	66.8	86.4	75.0
C11	村民应该积极支持和参与古乌榄与荔枝林的保护	4.12	0.629	78.8	93.2	85.4
C12	古乌榄与荔枝林的保护，有利于绿道旅游的发展	4.02	0.605	78.8	89.8	85.4

6.3 影响绿道旅游发展的因素分析

游客对绿道的使用，不仅出于游憩的目的，而且往往有通勤、社交的目的。不仅是不同的绿道之间，甚至是同一条绿道的不同节段之间，游客群体都可能存在显著的差异。前期研究已经证实，莲塘春色段绿道的使用者大致可以分为休闲旅游者、社区居民和过路者，其旅游产业的发展依赖于绿道能够吸引众多来自城市的休闲旅游者（赵飞等，2016）。除了拥有绿道网络外，莲塘村还拥有丰富的自然与文化旅游资源，如大量的乌榄与荔枝老树、美丽的增江与田园景观等。由此可见，绿道旅游的兴盛与否，并不简单地取决于是否建设了高质量的绿道。通过总结莲塘村绿道旅游发展的经验，将影响绿道旅游发展的决定性因素归结如下：①地方绿道系统需要建设较多环形游径，让使用者可以在此停留更长时间，使他们成为休闲旅游者而不是过路者；②绿道沿线需要有丰富的、具有较高价值的旅游资源；③政府部门在绿道铺设、服务设施建设及引导与扶持旅游发展方面可以发挥重要作用；④社区的支持与参与是实现绿道可持续利用及旅游业发展的重要因素；⑤绿道旅游的客源市场主要来自人口众多的城区，绿道的可达性至关重要，与城区之间的距离是一个重要影响因素；⑥城区的游客多以自驾车或乘坐公共交通前往，绿道能否为他们提供良好的餐饮、自行车租赁及住宿服务至关重要；⑦经济收入来源的不同一定程度影响了居民对绿道旅游影响的判断，绿道旅游的持续发展需得到更多遗产地居民的支持，绿道管理者对于居民认可程度的反差需给予足够重视。

6.4　小结

自 20 世纪 90 年代以来，乡村绿道的建设在全球范围内越来越普及，已经成为助推乡村可持续发展和乡村振兴的有效手段。作为一个线性的开放空间，绿道可以有效地连接乡村的各类旅游资源，进而推动乡村旅游的发展及自然与文化遗产的保护和管理（Deenihan et al.，2013；Palmisano et al.，2016）。通过选取省立 2 号绿道支线增城区莲塘春色段沿线的莲塘村为案例，采用实地观察、访谈居民、抽样问卷调查等方法，调查并分析了绿道旅游发展对乡村社区的经济、社会、农业文化遗产保护等方面的影响。绿道旅游的发展深刻地改变了乡村社区的方方面面，具体表现为：明显改变了莲塘村的经济面貌，涌现了大批以农家乐为主的经营实体；村民的生活环境与习惯得到了改善，但正常的生活与生产秩序也受到了一定程度的干扰；村民对于古树资源的价值有了更为清晰的认知，保护意识有所增强，这为有关部门对农业文化遗产的进一步保护提供了民间基础。

增城区莲塘村的案例提供了一个农业遗产地保护与发展的优秀范例，通过绿道铺设发展合理形态的生态旅游业，农业文化遗产的多维价值就能够得以充分发挥，进而实现遗产保护与经济发展的良性互动。由该案例的研究可知，绿道旅游的兴盛与否，并不简单地取决于是否建设了高质量的绿道，还取决于线路设计、沿线旅游资源（如农业文化遗产等）、政府扶持、社区支持与参与、绿道与城区距离等众多影响因素。

第7章 提升绿道生态旅游服务功能的支撑要素研究

7.1 绿道生态旅游服务功能的支撑要素分析

国外相关研究已经表明，绿道最明显的经济贡献就是带动生态旅游业的发展，绿道通常是其中的主要旅游吸引物，旅游活动会产生于住宿、饮食和休闲服务业等消费活动中，绿道也有助于提高社区对潜在旅游者和新定居者的吸引力（Schwarz et al.，1993；Dawe，1996）。本研究也再次证明，在广州绿道系统的使用者中，旅游者的比重占据了绝大多数，居住地与绿道距离大于3千米的受访者比重高达84.1%，而在乡村绿道与自然绿道中这一比重则高达九成左右。使用者的消费也多发生在餐饮、交通等旅游相关行业。由此可见，以绿道为载体的生态旅游业已经成为广州绿道相关产业的主体。能否有效提升绿道的生态旅游服务功能，也就成为事关广州绿道可持续利用的关键问题。旅游发展动力是一个由旅游消费牵动和旅游产品吸引所构成的，并由中介系统和发展条件所联系的互动型动力系统。绿道作为一类线性的旅游产品，涉及区域较广，与沿线各地其他类型的旅游产品都有不同程度的交集，因此绿道生态旅游服务功能具有更为复杂的驱动机制。从旅游者角度出发，本研究认为，绿道生态旅游服务功能的发挥主要需要以下七个方面的支撑要素（见图7-1）。

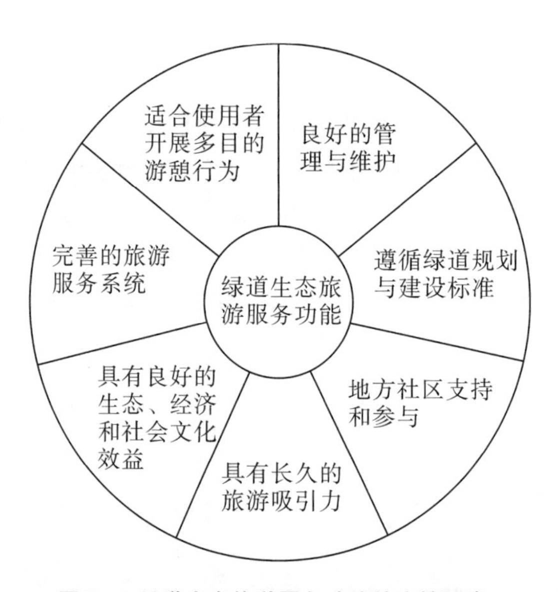

图7-1 绿道生态旅游服务功能的支撑要素

7.1.1　适合绿道使用者开展多目的游憩行为

绿道使用者的使用行为包括多种类型，如散步、跑步、遛狗、玩滑板、骑自行车（电动车或摩托车）、人际交往、观光游览、骑马、滑冰、绿道附近游玩等一系列行为。一条游憩型绿道的规划建设，首要考虑的往往就是可以满足使用者的哪些使用行为、禁止使用者的哪些使用行为。尽管不同类型的绿道只能满足使用者的部分使用行为，但无不是应当以人性化的规划设计为主要准则，充分满足使用者的需求。为满足使用者骑自行车的需要，需建设长距离的绿道，铺装较为平坦的路面，连接较多的旅游点，设置与机动车分流的行车道、自行车租赁点和维修点以及较为完善的标识系统。满足周边居民就近休闲需要的绿道，则需重视绿道节段的建设，如绿道沿线活动空间（如广场、草坪）、健身和休息设施的配套建设，增加夜晚照明也必不可少。满足旅游者游玩需要，则应重视周边旅游资源的开发，重点配套餐饮、住宿等设施。主要承担通勤功能的绿道，其线路的设计应就近不就远，需重视与公共交通的接驳。尽管游憩型绿道的建设以满足使用者的游憩需要为主要目的，但本研究也证明，部分旅游者的目的不是单纯的游憩，往往具有多元的使用需求，绿道特别是城区绿道，在很大程度上还承载了健身、通勤、人际交往等功能。一条游憩型绿道的科学规划设计，应当充分考虑如何满足使用者多元的使用需求。

7.1.2　良好的管理与维护

Schwarz 等（1993）编著的《绿道：规划·设计·开发》提出，一个成功的绿道管理计划包括 7 个关键环节，即使用者安全和风险管理（user safety and risk management）、维护维修（maintenance）、巡视和紧急状况处理程序（patrol and emergency procedures）、经营管理（administration）、计划和活动（programming and events）、管理和提升（stewardship and enhancement）、维护基金的筹集（finding money for maintenance）。与西方国家不同，我国绿道的建设与管理“自上而下”的属性更加明显。政府在建立绿道管理的长效机制方面也应起到主导作用，必须坚持“政府为主，市场为辅，各种力量相互配合”的策略，形成自上而下与自下而上的区域调控和协作的管理机制以及“分阶段、分主体、相互融合”的职能分工体系，逐步完成从政府主导到市场参与，再到全民参与的绿道管理与维护机制（金利霞等，2012）。

绿道安全问题是绿道管理的重要内容之一，同样也是影响使用者体验满意度的重要因素。借鉴国外经验，管理部门需制订一套系统的绿道安全计划，具体包括如下内容：①安全责任落实到具体部门和人员；②绿道安全手册；③使用者规章准则；④绿道紧急情况处理的预案；⑤安全项目清单；⑥使用者反馈表（征求意见的反馈）；⑦事故报告与分析系统；⑧定期保养与检查计划；⑨场所、设施开发和复核；⑩公共信息及管理计划；⑪员工安全培训计划及紧急情况应对；⑫持续的研究和评价。对于游憩型绿道而言，使用者的多少往往呈现出鲜明的规律性。在气候适宜的季节、节假日，绿道使用密度较其他时间大，甚至会出现人满为患的状况。在使用密度较大时，应着力加强对使用者的引导和管理，规避和有效处理绿道的冲突（包括同类型和不同类型使用者之间的冲突）与事故。一个能给绿道使用者提供清晰且明确指引的安全计划是防止冲突与事故的第一步。例如，美国华盛顿州金郡的公园部门有一个成功的《道路使用者条例规范》(*Model Path-User Ordinance*)，该条例赋予了金郡管理部门为保障绿道使用者健康、安全和福利而执行特定管理方针的权利，这一条例包括10项条款：规章适用范围；道路使用准则（如规定，对在绿道上速度超过24千米/小时的自行车骑行者处以高达500美元的罚款）；尊重其他道路使用者；道路上游客团队行为准则；在通行时可视信号使用；于左侧超越其他道路使用者；进入交叉道的规则；道路使用者灯光使用方法；严禁酒后使用道路；关于在路上堆放垃圾的规定。此外，管理人员也应提高应对冲突事故的能力，如在区域绿道沿途设置里程标志牌，既能够让使用者清楚自己所处的位置及所走里程，同时也有助于管理人员明确指出问题地点的准确位置，若有意外事故发生，有助于定位事故地点，便于警方和医疗救护人员及时处理。

绿道的科学维护是保障绿道生态旅游服务功能的重要前提，是绿道管理部门的重要职责。高水平的绿道维护始于科学的规划与设计，其次才是高质量的建设。绿道维护分两类，即日常维护和大型维护。日常维护是绿道维护的主要工作，包括路面修补、垃圾与杂物清理、绿化管理、森林防火以及其他日常维修事项。需要强调的是，绿道的管理与维护需要因地制宜，从改善使用者的体验满意度出发，实时对现状进行科学评估，进而作出针对性的调整。基于本研究结论，在不同类型的绿道节段中，绿道规划设计与使用环境不同，面向的使用者群体也存在明显差异，绿道的管理与维护清单也应进行相应的调整。

7.1.3 遵循绿道规划与建设标准

首先，绿道的建设要依据已有的法定规划，实现规划之间、区域之间的有效对接。绿道规划系统包括了从总体布局到景观建设规划多层面的规划类型，将绿道规划融入相应的法定规划体系中，使绿道建设成为城乡地区常规建设的一部分，从而达到保障绿道规划建设长期有序推进的目的。区域范围内的城市总体规划、城镇体系规划、交通体系规划、旅游发展规划、自然保护区规划、乡村发展规划、地方控制性详细规划等一系列规划在制订和修编时，需充分考虑设置绿道的可行性和必要性，以便之后的绿道建设做到有法可依、有规可循。在制订绿道建设规划时，也需要充分研究上级部门的相关政策与规划，做好与上位规划之间的有效对接。此外，区域绿道的建设涉及多个地域，不同地域之间要实现绿道的有效连接，这也就要求区域之间需建立有效的共商共建共享机制，能够针对绿道建设规划做好必要的对接工作。

其次，绿道的选址要科学合理，坚持因地制宜原则。绿道的位置对于绿道生态旅游功能的实现具有重要的影响，所以绿道的选址，需做到充分论证、科学选择。就城市绿道而言，绿道建设需重点考虑其通勤和游憩功能。绿道的线路设计以环形为主，通过若干小尺度“环形廊道”的衔接，形成城市庞大的绿道系统，进而有效引导城镇化的空间发展和减少城市灰色地带。绿道建设选址的一般原则包括“三环”和“四沿”，即环湖、环山、环景，以及沿河、沿路、沿线、沿岸（仇保兴，2012）。对乡村绿道和自然绿道的建设而言，使用者以周边城镇居民为主，则需重点考虑其旅游健身功能的培育。一方面，绿道建设需要充分发挥绿道的串联功能，将具有一定影响力的乡村旅游点、休闲农业点、民俗旅游点、自然风景区、游乐设施、文化旅游点等旅游资源通过区域绿道组成一个庞大的旅游组团。另一方面，线路的设计与城市绿道不同，需更多地选择“线形廊道”，减少“回头路”“断头路”。自然绿道一般多位于生态环境需加以保护的地区，绿道的选址需率先考虑对生态环境的影响。在线路的选择上，尽量做到不开山、不砍树、不填河、不把原来的道路取直，以尽可能地降低绿道建设的负面生态影响。在道路建设的用材方面，原则上应就地取材，实现废砖、废石和建筑废料的循环再利用。在设施配套方面，需要尽可能完善相关设施，解决荒野地区潜在的安全问题。

最后，需推进绿道建设的标准化。绿道建设的标准化是保障绿道的建设质量和有效使用的前提条件。国家和地方层面已经陆续出台绿道旅游设施与服务规范、绿道建设指引、绿道建设标准、绿道建设技术规程等系列标准化规章，绿道的规划与建设需要切实遵循这些规范的要求，大力推进绿道建设的标准化工作，为绿道生态旅游服务功能的实现提供基本保障。

7.1.4　地方社区支持和参与

地方社区支持和参与是实现绿道生态旅游服务功能的必要条件，具体表现在居民对绿道建设与管理的拥护和支持、居民对社区内绿道的使用、社区绿道相关收益的合理分配等方面。Schwarz 等（1993）编写的《绿道：规划 · 设计 · 开发》对绿道建设中的公众支持问题已经十分重视，将其作为一章来阐述。该著作转引 *The Riverwork Book* 的“社区参与列表”，将社区参与途径罗列如下：会议、公民咨询委员会、调查、会见、媒体报道、公共服务公告、信件、小册子、放映幻灯片、讨论会、时事通讯、海报和传单、印有标志的信纸、节事活动、志愿者方案、演讲桌、学校计划、视频、招待会等。以服务旅游者为主的区域绿道（如大多数乡村绿道、自然绿道以及具有较高旅游价值的城区绿道），相对社区绿道来讲，受益群体更加庞大，可能以外来的旅游者为主。因此，这类绿道所在社区的居民受益的途径更为多元，除了健身游憩外，旅游业的发展会给社区居民带来或多或少的经济受益和就业机会。但同时也会产生一系列负面现象，如旅游业带来的过度商业化、物价上涨、治安问题等，这对于未参与其中受益或受益较低居民的利益可能会有所损害。因此，以旅游功能为主的绿道的社区支持和参与问题的解决就更为必要和困难，当务之急是需要对绿道经济利益进行合理的二次分配，以获取邻近社区更多居民对绿道建设及相关产业发展的支持。

7.1.5　具有长久的旅游吸引力

具有长久的旅游吸引力是绿道生态旅游实现可持续发展的最为基础的条件。绿道的旅游吸引力，既有可能是能够有效满足旅游者的游憩、通勤、人际交往需求的吸引力，也有可能是持久的旅游景观吸引力，或者多种吸引力兼有。与其他类型旅游产品相比，绿道生态旅游的最大特点在于绿道的“穿针引线”作用。通过绿道的串联作用，乡村观光度假、休闲农业、都市风情旅游、文化遗产旅游、荒野区的观光与健身游等多种旅游产品都可以融入绿道生态旅游中，所以绿道生态旅游往往会拥有其他产品所不具备的多重旅游吸引力。

毋庸置疑，绿道的吸引力是针对使用者而言的，尽管可能多元化，但绿道作为一类生态设施，最基础的应是优良自然生态环境产生的吸引力。管理部门应加强绿道的生态维护与建设，并针对绿道的使用者行为定期开展调研，了解绿道使用者的使用状况和体验满意度水平及相关需求，进而保持和改进绿道的生态旅游服务功能与综合效益。

7.1.6 具有良好的生态、经济和社会文化效益

绿道是连接开敞空间、连接自然保护区、连接景观要素的绿色景观廊道。绿道的生态功能在众多功能中最早被人们认知。绿道是能够改善环境质量、保护生物多样性的一种绿色景观廊道，绿道的设计和应用有鲜明的景观生态学基础，它可以调节景观结构，连接破碎的生境，作为物种的迁移通道，使之有利于物种在斑块间及斑块与基质间的流动，从而对保护生物多样性具有重要意义。绿道作为一类生态设施，所具备的其他效益则是基于生态效益的有效延伸。经济效益包含多个方面，如促进就业、商业发展，提升居民消费、地产价值等。社会文化效益方面，绿道的建设可以为居民与旅游者提供新的游憩健身机会、改善城市与乡村风貌、缓解城市拥堵、促进自然与文化遗产保护、引导城市化健康发展、促进废弃道路和工厂的改造利用等。使用绿道同样是一类绿色生活方式，对于使用者的心理健康具有显著的促进作用。已有研究证实，绿道是“天然的镇静剂”。使用者通过绿道强身健体的同时，可以有效缓解内心的焦虑、挫败感和压力，保持更加年轻的心态，生活态度更加积极（Nadel，2005）。一条游憩型绿道，只有持久地获取以上全部或部分效益（不限于旅游经济效益），才能够获取政治、经济、生态环境、社会文化层面的“合理性”（validity），得到政府和民众的充分支持，进而实现绿道生态旅游的可持续发展。

7.1.7 完善的旅游服务系统

绿道的旅游服务系统是影响使用者体验满意度的重要因素，游憩设施、餐饮设施、交通设施等会直接影响使用者的行为与体验。游憩型绿道是最能展现地方特色的外部公共空间区域，不仅向使用者展示了一个地方的时代风貌，更是民众生活的公共舞台。配套设施在某种程度上是游憩型绿道功能实现的直接载体、激发空间活动的重要媒介、构成景观要素的组成部分、丰富视觉语言的重要元素（彭利圆，2013）。游憩型绿道的主体配套设施包括交通服务设施、游憩服务设施、商业服务设施、环境卫生设施、安全保障设施。侧重生态环境与历史文化保护的绿道，科普教育设施、管理服务设施、标识信息设施则占据重要位置。位于城区的绿道，配套设施则更多地依赖沿线的公共基础设施。根据国家旅游局 2015 年 2 月颁布的旅游行业标准《绿道旅游设施与服务规范 LBT 035－2014》，辅以本研究的相关结论，将绿道生态旅游服务系统的主要配套设施做了归纳，参见表 7－1。因为城区绿道的服务设施多依赖较为完备的城市公共基础设施，故推进乡村绿道和自然绿道服务设施的系统化建设无疑更为紧要。

表7-1　绿道生态旅游服务系统主要配套设施清单

系统名称	设施
游道系统	按照使用功能划分为步行游道、骑游道、无障碍游道和综合游道等，其中，综合游道为步行游道、骑游道、无障碍游道的综合体。
景观节点系统	包括地文景观、水域风光、生物景观、天象与气候景观、遗址遗迹、建筑与设施等自然和人工景观游憩空间。
基础设施	包括对外交通衔接、出入口、停车场所、卫生间、垃圾箱、污水收集、照明、通信、无线网络等设施。
导向系统	包括公共信息标志、安全标志（禁止、警告、指令、提示、消防）、道路交通标志、信息索引标志、示意图（导览图、导游图、全景图）、科普解说牌、便携印刷品（导游图、旅游指南）等。
旅游服务系统	包括旅游服务中心、休憩设施、游乐器具、文体活动点、车辆租赁点、餐饮点、购物点、自动售货机等。
安全保障系统	包括安全防护设施、无障碍设施、医疗点、治安岗亭、监管人员配备、应急预案制定、绿道使用法规等。

注：部分内容参考《绿道旅游设施与服务规范 LBT 035-2014》(2015)。

7.2　广州绿道旅游服务功能的限制性因素分析

7.2.1　绿道的设施建设与使用环境有待进一步改善

本研究通过受访者反馈、实地考察、文献检索等途径，对本研究所选取的9个绿道节段的绿道设施建设与使用环境进行了总体评估。从受访者的反馈来看，广州绿道使用者的不满意之处主要集中于休闲设施、卫生设施、安全保障、沿线卫生状况、路面状况、沿线商业发展等方面，对于通信网络信号、与公共交通的衔接、与景点的连接状况等事项不满意的地方则较少（见表7-2）。具体到不同类型的绿道，主要反馈的情况包括：①城区绿道的路面状况、与公共交通的衔接、服务中心建设状况良好。东濠涌城市绿道的问题包括蚊子多；不文明现象多（如有人随地小便，儿童甚至成人下水玩耍、抓鱼），时有宠物粪便；水质不够好，下雨时垃圾多；绿道不够畅通（有机动车道或天桥阻隔），休闲设施不足，厕所不足，晚上灯光不足。花城广场绿道的主要问题包括遮阴树偏少，休闲设施不足；餐饮设施少，人多拥挤，商业气息太浓厚，观光车偏少；夜晚灯光有的昏暗，有的偏刺眼。河岛公园绿道的问题包括河堤杂草多，绿化待改进，景观待改造；垃圾多，垃圾桶不足；路面维护不足，配套设施不足，标识指引不够，晚上灯光不足。②乡村绿道的自然风景优美，农业文化遗产资源丰富多样。大稳村绿道的问题包括厕所偏少；人车混用绿道，有安全隐患；游玩项目偏少，缺少农家旅馆，地方文化展示不足，道路指引不足。莲塘春色绿道存在的问题包括卫生状况较差，垃圾多，厕所不足且不够干净；交通拥堵，人车混用绿道，时有冲突，安全隐患大；路面不够宽且不平，缺少维护；汽车随意停放，特别是一些农户的汽车多违规停放在绿道两侧；过于商业化。蒙花布绿道存在的问题包括卫生条件较差，厕所不足，垃圾多，管理不到位；标识指引不够，休闲配套设施不足，缺少公共交通；河边沙滩石子和杂物多，烧烤的人多，对周边古树保护不利。③自然绿道的风景优美，生态环境优良，活动空间大，便于停车。生物岛绿道的问题包括垃圾多，蚊虫多，垃圾桶偏少，厕所偏少；标示指引不足，遮阴树少；停车场少，汽车乱停放，人车混用绿道，有安全隐患，河涌水质欠佳；物价偏高。大夫山绿道的问题包括绿道坡度大，供休息的地方不足；空间范围大，指引不足；一些绿道宽度不足，人车混用，有安全隐患；游客素质有待提高。海滨公园绿道的问题包括路边垃圾多，厕所偏少，休息场所少；沿途商贩缺少管理，自行车租金较贵，物价偏高；游客休息区域设施分布不均；沿途树木不够高大；公共交通不太方便。总体来看，人车混用等安全问题、绿道旅游与卫生设施配套建设不足、沿线生态环境达不到期望值等是当前广州绿道存在的主要问题。

表 7－2　受访者对于广州绿道的不满意之处的内容分析

项目		主要问题	被提及次数			合计	
			城区绿道	乡村绿道	自然绿道	数量	排序
1	路面状况	路面铺装不平；路面破损；长度或宽度不够；线路设计不合理	8	35	14	57	5
2	与景点的连接状况	景点建设不够；地方文化展示少	6	7	4	17	11
3	服务中心	自行车租赁和维修点不够；自行车存放点不足；管理不到位；缺少管理人员；停车位不足	5	10	15	30	9
4	标识指引	标识指引不足或不清楚	10	5	17	37	7
5	休闲设施	休息设施不足；缺少健身游乐设施；遮阴树或绿化不足	40	17	43	100	1
6	卫生设施	洗手间不足或卫生差；垃圾桶不足	14	30	18	62	2
7	安全保障	人、自行车、汽车缺少分流；缺少治安人员；晚上灯光不足；缺少医疗点	13	31	16	60	3

（续上表）

项目		主要问题	被提及次数			合计	
			城区绿道	乡村绿道	自然绿道	数量	排序
8	沿线生态环境	水质或空气有污染	17	1	9	27	10
9	沿线商业发展	餐饮场所不足；购物点不足；物价高；环境嘈杂	15	18	23	56	6
10	沿线卫生状况	蚊子多；垃圾多；有宠物粪便	18	23	18	59	4
11	与公共交通的衔接	对外交通不方便	0	5	6	11	12
12	绿道使用密度	拥挤（人或车）；部分游客素质低；不同使用者间的冲突	9	17	10	36	8
13	通信网络信号	手机上网不方便	1	1	2	4	13

通过文献梳理、实地调查，也进一步发现：①广州各区的绿道服务中心（驿站）经营状况参差不齐，部分地方丢空率高；②各区驿站目前租借的自行车仍未能实现跨区通借通还，部分区域收费标准也不一致；③因农家乐租车廉价及“共享单车”的普及等原因，导致绿道服务中心的自行车租用率低；④维护绿道难度较大，管理部门资金和资源也有限；⑤机动车抢道，摩托车、机动车占用绿道现象多见；⑥农家乐污染环境、小贩占道等现象难以处罚，乡村地区违规烧烤档等农家乐多见，既污染环境又存在卫生隐患；⑦一些绿道节段存在安全隐患，安全事故时有发生，安全保障设施尚不足，如大夫山地形起伏，绿道依山势而建，一些绿道坡陡弯急，容易发生自行车事故（如车辆碰撞、车撞人、车碰绿道设施等）；⑧使用者保护公共设施的意识还有待提升，一些被损坏设施未能及时修缮等。

基于以上结论，对广州市绿道设施建设与旅游环境的评估见表7-3。

表7－3 基于现状的广州市绿道设施建设与旅游环境的总体评估

项目	主要内容	重要与急迫程度评估		
		城区绿道	乡村绿道	自然绿道
路面与设施维护	及时清理路面及周边的垃圾与杂物	★	★★★	★
路面与设施维护	对路面零星破损部分及时修复	★★	★★★	★★★
路面与设施维护	禁止大型机动车进入或占道停车	★	★★★	★★★
路面与设施维护	规范摊贩占用路面行为	★	★★★	★
路面与设施维护	对标识牌定期维护和翻新，保证指示清晰、明确和整洁美观	★★	★★	★★★
路面与设施维护	公里标识牌的设置	★	★★	★★★
路面与设施维护	及时修补或更换已损坏的设施	★★	★★★	★★★
环境与卫生	整治绿道沿线废气、废水等污染排放点	★	★★★	★
环境与卫生	废物箱内的垃圾应及时清除，无满溢和散落，并定时清洗箱体	★	★★★	★★
环境与卫生	设置足量的厕所，做好卫生管理	★★★	★★	★★
环境与卫生	规范沿途摊贩、农家乐的经营行为，降低嘈杂程度	★	★★★	★★
环境与卫生	规范沿线建筑风格，合理利用文化遗产，展现地方文化特色	★	★★★	★
绿道安全	森林防火	★	★★	★★★
绿道安全	结合地方医疗点建设，设置急救点	★	★★	★★
绿道安全	对坡度和弯度较大路段进行安全监管	★	★	★★★
绿道安全	滨水地区设置护栏，对垂钓、划船等行为进行监管	★	★★	★★
使用行为监管	保证绿道照明设施运行正常	★★	★	★
使用行为监管	绿道安全与文明使用规章的制定与宣讲	★★★	★★★	★★★
使用行为监管	高密度使用路段使用行为的疏导与管控	★★	★★★	★★
使用行为监管	制定绿道事故应急预案	★	★★	★★★
使用行为监管	使用者不文明、违规、违法行为的监管	★★★	★★★	★★★
使用行为监管	绿道使用高峰时段的应对制度建设	★★★	★★★	★★★
绿化管养	草坪管养，清理杂草，施肥，排灌，修剪，补植，绿化维护，病虫害防治	★★★	★	★★
绿化管养	绿道沿线古树名木的认定与保护	★	★★★	★★

（续上表）

项目	主要内容	重要与急迫程度评估		
		城区绿道	乡村绿道	自然绿道
服务点管理	因地制宜，选择重要节点设置，市场化、规范化运作	★★	★★★	★★★
	配套建设足量的停车位	★	★★★	★★★
	公共自行车站点的设置与运营	★★	★★★	★★★

注：★的数量代表重要和急迫程度，数量越多，程度越高。

7.2.2 绿道连接度不足，安全监管尚待加强

虽然广州绿道规模已达3 000多千米，遍布11个区，区域绿道的建设已经基本完备，但总体来看，各地的本地绿道网络有待进一步完善，绿道的连接度尚不足。据统计，广州市民最主要的出行方式为步行，每天500万人次采用步行，在交通出行方式中，比地铁、公交出行的量都大得多。而广州城区绿道，正如2015年广州市一位领导所言："（广州绿道）很大的问题就是连通性没有实现，而且还有它的隔离性，广州面临的挑战就是怎样将绿道引入城市中心区。"根据本研究的调查，广州城区绿道的自行车使用者数量较少，仅占8.6%。广州市内运营良好的公共自行车站点，基本都是因为基础设施配套建设较良好。比如中山大道BRT路段、大学城、生物岛及萝岗片区均是绿道建设完善的区域，相对而言，市内其他道路的自行车绿道建设则存在诸如断头路、机动车占道、坑坑洼洼、与人行道同行、横跨马路难等问题。并且，广州市区的许多路段自行车道设置过窄，甚至不少路段没有设置自行车道。这些都是严重阻碍自行车使用者选择绿道的关键因素。在城郊及乡村地区，由于缺少本地绿道网络、绿道连接度不足、缺少旅游吸引力，导致不少地方的绿道接近于荒废。

针对绿道管理，广东省、广州市及增城区等相关部门陆续出台管理办法。2012年4月17日，经市政府常务会议审议通过，广州市林业和园林局颁发实施了《广州市绿道管理办法》。《广东省绿道建设管理规定》（粤府令第191号）于2013年8月8日广东省人民政府第十二届八次常务会议通过，并自2013年10月1日起施行。2013年12月，增城市人民政府办公室颁发《增城市绿道管理办法》。安全保障是上述绿道管理办法的重要组成部分（见表7－4），但这些管理办法，对绿道安全与卫生等方面的现存问题在一定程度上还缺少立法保障，尤其是对使用者的使用行为缺少必要的监管。绿道涉及地域广，监管难度大。再加上绿道及相关行业的监管涉及市政园林、工商物价、公安消防、旅游文化等众多行政管理部门，这给绿道相关事故的执法处理带来了较大难度，一些问题未能得到妥善处理。例如，一些决策者往往过于重视绿道的社会经济效益，将其作为发展旅游经济的手段，在绿道沿线大力推进基础设施建设（如路面的硬化、游乐设施的建设等）和地方商业发展，对绿道的生态建设往往过于忽视，一些地方伴随绿道建设而来的过度开发反而导致对生态环境的破坏。

表7－4 广州绿道管理规章中的安全保障内容

	《广州市绿道管理办法》相关内容	《增城市绿道管理办法》相关内容
游径养护	□绿化养护管理应制定完善的养护方案。 □绿道游径管养要求达到路面整洁无断板，无泥土、杂物、乱石等障碍物；路基、边坡稳固无坍塌，排水设施完好、畅通；道路栏杆、护栏、护桩等设施完好无破损；加强辅助设施建设，防止机动车占用绿道，确保绿道专用畅通。涉水绿道的建设和管理应确保河道行洪和水环境的安全，落实管理单位，制定应急预案并服从水行政主管部门的管理和调度。	□设施维修保障：每周对绿道游径、驿站（服务站）、休息亭（椅）、防护栏、绿道范围内路灯园灯、停车场、小卖部、洗浴间、公厕、绿道标识牌、禁止游泳警示牌、防洪水位警示牌、沿途运动设施、周边排水设施、通信设备等进行定期检查，发现问题及时修复，保障绿道及配套设施的正常、安全使用。制订可行的改造计划，对容易破损的重点地段木栈道和砖砌游径实施逐年改造，倡导使用新型环保材料为主，硬底化为辅。
自行车租赁	□建立健全出租自行车安全检测制度，鼓励购买自行车使用安全保险。	□各责任主体必须对辖区内的自行车租用市场进行监管，做好租用价格的明码标价，提高绿道沿线、节点自行车联网经营水平，提升服务质量；经营主体出租自行车应购买意外保险。
社区居民管理	□绿道相关农家乐经营，农产品销售、零售等应符合旅游、环保、卫生及工商等部门的有关要求，合法文明经营。 □绿道范围内禁止下列行为：（一）行驶、停放机动车辆；（二）攀爬、涂污、损坏绿道设施；（三）违规搭建、摆卖。	□农产品销售：应结合绿道沿线节点及主要景区景点设置规范的农产品销售区域。在游客相对集中的驿站、景区景点出入口外围、绿道两侧闲置用地等，指定地点集中销售，文明经营，不得占道、以次充好、强买强卖。 □北部三镇郊野型和生态型绿道，应保持绿道周边用地整洁，当发生农民或村集体所有的林木生长威胁到游览安全时（如游览路线周边树木倾倒、断枝、枯枝等），责任主体应及时与属地村社协调消除安全隐患。
安全管理制度	□建立健全安全管理制度。绿道运营管理责任主体应落实安全管理责任制，明确安全责任人，实行安全巡查制度，对有安全隐患的绿道（如涉水绿道）应加强天气预警、安全警示、安全防护、消防安全等设施的配置，建立健全应急预案和与地方应急指挥、防汛指挥机构的联动机制。	□安全巡逻：每日安排专人，在临水、陡坡、急弯等事故易发地段，加强保安巡逻，节假日加大巡逻密度，及时制止不符合安全游览指引的游客行为，保障绿道的安全使用，发现险情及时处理。 □建立健全安全管理制度。责任主体应具体落实安全管理责任制，明确责任领导、责任人，配套安全管理设施，并充分利用沿途村委的联防治安巡逻队力量组织开展日常巡查。 □建立健全档案管理制度（包括应急处理预案、重大故障报告和原始记录）。 □因管理不善造成人身伤害事故或财产损失的，各责任主体承担赔偿责任和法律责任。

7.3　广州市绿道旅游服务功能提升的对策研究

7.3.1　建设“三生绿道”，服务城市居民“慢生活”需求

随着社会经济的快速发展，大都市居民的工作和生活节奏过快、压力过大，亚健康人群数量越来越多，城市居民的“慢生活”需求日益增加，建设城市慢行空间已成为城市建设发展的重要方向。绿道作为城市慢行空间的重要组成部分，可供城市居民开展休闲、游憩、健身等活动，既有一定的交通连接功能，又可以弥补城市公园绿地的不足，具有可达性、便捷性等特点。同时，绿道建设也在一定程度上能够让城市交通从“车性”回归到“人性”，让人们主动选择绿色、低碳的出行方式（马爽等，2015）。本研究认为，在绿道建设与管理过程中，不能只是关注绿道的游憩功能，而应协同发挥绿道的“生态、生活、生产”等功能，进而综合推动全市绿道“三生”服务功能的有效提升。三种功能的融合发挥，能够有效拓展和增强绿道的综合服务功能，进而为居民的工作与生活提供全方位的效益，有效满足居民“慢生活”需求。基于“三生”功能理念的广州市“三生绿道”建设策略见图7－2。本研究认为，应重点从以下方面着手建设“三生绿道”。

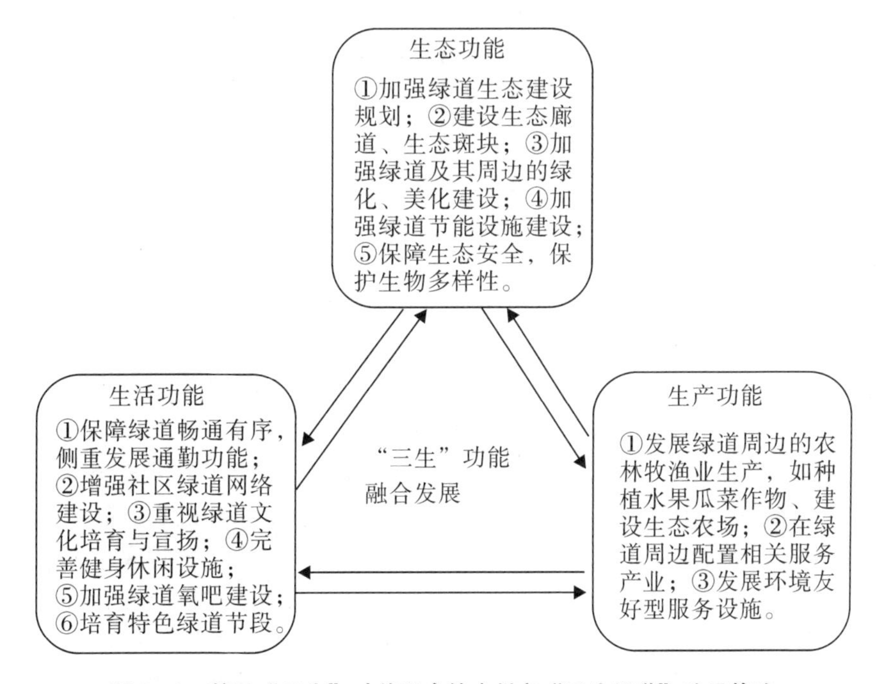

图7－2　基于“三生”功能理念的广州市“三生绿道”建设策略

（1）综合提升绿道的生活功能，进一步满足使用者的通勤、游憩及健身需求。首先，应继续推进绿道的网络化建设，增加绿道连接度。广州市正在大力推进公共自行车

项目，仅2016年就计划投放10万辆公共自行车。在此背景下，有关部门应进一步提升绿道规模（特别是自行车绿道），完善相关设施，加强绿道之间的连接，解决断头路、过路难等问题，力争为居民及旅游者提供良好的通勤条件。其次，应进一步完善社区绿道网络。广州市土地资源高度紧张，占地较大的公园、广场等绿色空间难以布局，而绿道占地面积不大，且能够与其他规划相衔接、协调，使千家万户共享绿色开放空间成为可能。广州城区绿道在当前主干结构已经完备的背景下，应大力推进社区绿道的建设，完善相关健身设施，加强绿道“氧吧”建设。通过一个个小尺度的社区绿道系统，有效地满足周边居民的健身与游憩需求。最后，应因地制宜推进特色绿道节段的建设。邻近主干道、以通勤功能为主的绿道节段，在保障交通安全的基础上，加强绿道与城市公交系统和慢行系统的衔接，进一步串联公园、学校、图书馆、剧院、电影院、社区中心、购物街区、历史建筑、特色街道等旅游服务设施。邻近居民点的绿道节段，应着重完善健身休闲、儿童游乐等设施，如在公园、景区、社区内建设专用环跑径等，同时应注意绿道安全环境的营造，加强环境卫生监管。城区标志性建筑、旅游点等附近的绿道，应侧重服务中心的建设、绿道卫生设施和标识指引系统的完善。

（2）进一步凸显绿道的生态功能，为使用者提供优良的绿道使用环境。相关部门应当重点制订区域绿道（如省立绿道）生态规划，具体指导绿道沿线的生态保育工作。规划内容具体涉及绿道沿线生态建设要点、生态廊道与斑块培育、绿道及周边的绿化与美化、绿色节能设施的配套建设、生物多样性保护、生态旅游发展管理等事项。在城区，当前很多绿道沿线存在水体污染、噪声、路况复杂等问题，其生态保育应侧重绿道及沿线地区的绿化建设、水质净化，同时加强与其他绿色开放空间的连接，加强生态廊道与生态斑块的建设与培育。在乡村，绿道引领的生态旅游蓬勃兴起，沿线商业的无序发展造成了不少环境污染问题，应侧重加强生态环境的监管以及生态旅游发展的管理，同时注重强化乡村地区的绿色节能设施建设。在自然绿道地区，沿线多有森林公园、自然保护区等，如白云山、大夫山、石门、莲花山等森林公园。这些地方的绿道周边，应进一步加强自然生境和生物多样性的保护，重点加强对生态环境的修复及生态旅游发展的管理。在生态较为敏感区域，严格限制机动车进入，并对旅游者实施容量控制，在生态核心区则严格限制旅游者进入。

（3）在广州绿道沿线发展“绿色生产”，为使用者提供优良的旅游产品。绿道作为生态服务设施，应对沿线的工农业生产和服务业发展加以引导，重点发展绿色产业。绿道的配套建设，带来了大量的旅游者，从而也为沿线地区带来了发展机会。在乡村，应着力发展绿道周边的农林牧渔业生产，特别是地方具有良好口碑的农产品。在重要绿道节段，可以积极发展生态农场、观光农业园、农家乐、渔家乐等休闲农业生产活动，同时应科学引导相关服务业的发展。在城区及自然区域，绿道的建设能够有效带动沿线服务业，特别是餐饮业、住宿业的发展。在绿道沿线，环境友好型服务设施（如绿色饭店、生态民宿、生态停车场等）更容易得到旅游者及周边居民的青睐，故应加强此类服务设施的推广。总之，通过发展绿道沿线的“绿色生产”，能够有效对接旅游市场需求，为使用者提供优良的旅游产品。

7.3.2　建设“辐射绿道”，充分发挥乡村绿道“以藤结瓜”效应

使用者的绿道使用行为不仅仅包括步行和骑自行车，往往还会在绿道周边开展观光游览、乡村体验、健身活动、野营郊游、科普教育等活动。与城区绿道相比，乡村绿道和自然绿道能够更多地为旅游者服务，对地方旅游业的发展带动作用更为明显，对地方社会经济发展带来的影响更为深刻。刘云刚等（2014）对增城绿道的研究表明，绿道建设与乡村旅游发展互动、互馈，形成了良好的经济、社会、环境效益。以增城莲塘春色景区为例，在建设绿道之前，莲塘村的公路均为土路，交通不便，经济落后。2008年9月绿道建成后，在政府部门的有力扶持下，得益于绿道生态旅游的乘数效应（见图7-3）及当地优美的田园风光，莲塘春色景区在短短数年内迅速发展成为极具影响力的乡村旅游点，从而带动了景区内上、下莲塘村社会经济的快速发展，“旅游景区化”建设效果显著，绿道真正成为“游客休闲健身之道、农民增收致富之道”。乡村绿道与自然绿道的可持续发展，离不开地方生态旅游业的支撑，相关部门应充分发挥绿道的串联和引领作用，积极推动绿道沿线重要节点的“景区化”建设。从改善绿道旅游者体验的角度出发，结合广州乡村地区绿道的实际状况，对乡村绿道及周边“旅游景区化”建设提出以下建议：

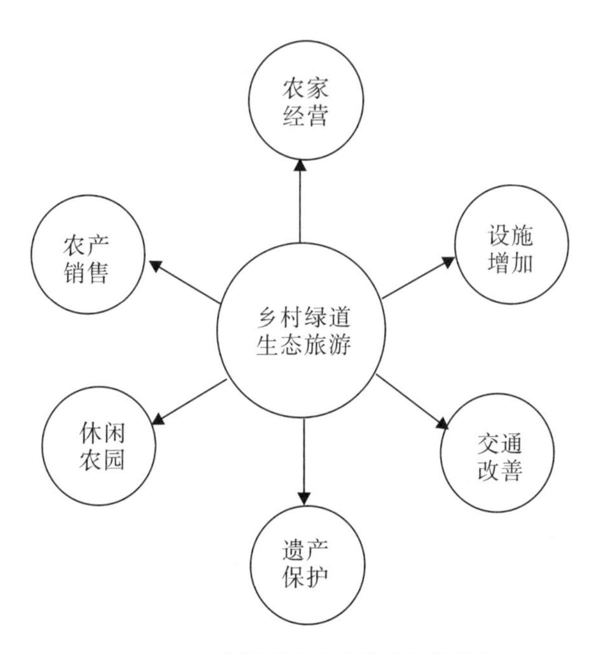

图7-3　乡村绿道生态旅游的乘数效应

（1）拓宽和改造乡村机动车道。“4+2”（“四个轮子+两个轮子”）绿道使用模式在乡村地区已经十分普遍，乡村绿道的使用不仅要关注自行车的使用问题，还需重视解决机动车带来的相关问题。在乡村地区，由于为数不少的、较为狭窄的机动车道或多或少地承担了绿道功能，必须对其加以拓宽与改造，实现自行车道、人行道与机动车道的

划线分流，从而为使用者安全进入绿道提供保障。

（2）加强乡村绿道旅游配套设施建设。由于乡村地区，公共设施配套水平相对较低，再加上绿道规划建设之初对乡村旅游产业发展规模缺少科学的评估，造成了停车场、直饮水设备、公共厕所、凉亭、座椅等配套设施建设的数量相对不足。因此，有必要实施二次“规划”，加强配套旅游服务设施建设，为绿道使用者提供安全舒适的使用条件。

（3）结合美丽乡村建设，改善绿道及其周边地区的卫生条件。建设美丽乡村，是社会主义新农村建设的必然要求，是建设“美丽中国”的重要组成部分，同时也是促进城乡统筹发展的重要路径。广州市十分重视美丽乡村建设，2012 年至 2016 年已经设立广州市美丽乡村试点 89 个。在美丽乡村建设中，广州市着重发挥当地生态、山水、人文历史等区位资源优势，深度挖掘，把美丽乡村建设与培育和提升农家乐休闲业、生态特色农业和乡村旅游等紧密结合，加快经济发展方式转变和推进经济转型升级。大多数美丽乡村试点已经配套有绿道，各村应以此为契机，加强卫生设施配套建设，完善卫生管理制度，提高乡村居民的卫生意识。通过改善乡村地区卫生条件，既可提高乡村居民的生活质量，同时也会很大程度地提高旅游者的满意度。

（4）重视生态环境和传统文化保护，实现乡村社会经济发展与旅游业的共赢。乡村绿道和自然绿道的使用往往和田园风光、农业文化遗产、地方民俗等有着密不可分、相互助推的联系。应积极出台对策重点解决当前存在的违规占地多、建筑风格杂、农田弃荒多、地摊摆卖乱等问题，进一步改善乡村生态环境。此外，应着力提高所在地农业文化遗产的保护层次，使其成为极具岭南地方文化特色的乡村旅游品牌，同时让其成为助推乡村振兴和绿道生态旅游可持续发展的“永动机”。

（5）充分利用乡村地区的自然与生态优势，在绿道串联的田园、山体、滨水等重要景观节点地区，结合传统节日和纪念日，与民间团体和竞赛机构合作，加大体育休闲设施建设，发展体闲性、竞技性体育运动。

（6）获取更多乡村居民的支持和参与。通过对莲塘春色景区居民的调查研究发现，经济收入来源的不同很大程度地影响了乡村居民对绿道旅游业发展影响的态度和积极性。以农家乐经营、土特产销售、日用商品销售为主要收入来源的居民最为认同旅游业发展带来的积极影响（如村容村貌改观、生活水平提高、促进居民就业等），最不认同旅游发展带来的负面影响（如商品价格提高导致生活成本增加、居民生活秩序受到破坏、社会治安状况恶化），并最为认同地方文化遗产需加强保护。与之相比，以农业生产、外出务工为主要收入来源的居民最不认同上述方面，以工资等为主要收入来源的居民的态度则是居中。绿道的持续利用需得到更多乡村居民的支持，绿道管理者对于居民认可程度的这种反差需给予足够重视，妥善处理绿道及乡村旅游经济效益的二次分配问题。

7.3.3 建设“生态绿道”，全方位强化绿道生态服务功能

游憩型绿道已经被许多学者和相关决策者定义为一类新型的“旅游产品”，将其等同于风景道（scenic byway）。除了都市区建设绿道外，越来越多区域的旅游开发也将游

憩型绿道的配套建设作为重要内容。良好的生态功能依然是绿道生态旅游产品开发的基本保障，全方位强化广州绿道的生态设施建设是保障绿道系统可持续发展的必要措施。

有关部门应将生态学理论与方法作为绿道建设和管理的指导思想，使绿道（特别是自然绿道）成为一类真正的生态廊道，从而有效地保护和改善区域生态环境。在规划建设阶段，相关部门应当将绿道选址的沿线纳入生态保护范围，积极开展全方位的生态建设，具体绿道沿线生态建设要点参见表7－6。在管理维护阶段，相关部门应依据绿道类型的不同，建立相应的绿道生态环境评价指标体系，加强对绿道沿线相关重要指标（如空气与水体质量、噪声、绿化覆盖率等）的监测、监控。在从化、增城、白云、花都等郊区的重要生态保护区域，除了重要节点外，相关部门应严格管控绿道沿线的旅游开发、设施建设、商业发展等活动。

表7－6　广州市绿道沿线生态建设要点

建设项目	建设内容
环境卫生保障	①制订科学的卫生设施配套规划建设方案；②配套设施实现环保化、节能化、对生态环境的无害化；③制订并实施全面科学的绿道维护方案，保障沿线卫生环境。
绿色廊道建设	①重视绿色廊道的相互贯通，增加与绿色斑块的连通性；②因地制宜，合理制定绿廊的宽度与密度；③连接城郊自然保护地之间的廊道，可同时设计一条同方向廊道，为物种的空间运动增加安全保护系数；④绿化草木花卉应尽可能使用本地区的优势物种；⑤绿地建设上应以乔木、灌木和草本合适的比例配置，保障生物多样性。
生态斑块保护	①保护自然、林地、农田、湿地等生态斑块；②系统地构建由风景旅游区、城市公园、乡村公园构成的区域公园体系，配置群落稳定、景色优美的植被。
水上绿道（包括绿道沿线河涌）生态建设	①以柔性护坡材料替代混凝土护坡护岸；②利用植物净化、动物净化、微生物净化技术治理被污染水体；③重点在河道的驳岸、河道水位变幅区、水中种植各类植物，利用植物有效吸收水中富余营养物质。
生态村镇建设	①制订并实施生态村镇整治规划；②乡村地区要实现垃圾系统收集与无公害处理；③加强乡村地区生态农田建设，推广普及生态农业、循环农业模式，特别是适合广州地情的相关模式，如稻鱼（鸭）共作、菜—稻—菜、稻—稻—马铃薯、稻—稻—甜玉米、蔬菜—稻周年轮作等模式；④划定传统农业保护区域，加大农业文化遗产保护力度，着力做好农村地区古树名木的普查与保护。

2012年11月，党的十八大从新的历史起点出发，做出“大力推进生态文明建设”的战略决策。广州市作为一个特大城市，人口密度过高、交通拥堵、汽车尾气污染、公共绿道面积减少等问题严重，生态文明建设任务繁重。绿道的生态功能的另一个重要体现，是能够唤醒和提升人们的生态环保意识，有效地推进生态文明建设，这也是绿道建

设的初衷之一。广州绿道的建设与管理不能简单地以带动地方经济发展或满足使用者需要为目标，而应将其作为解决生态问题的“好办法”和宣扬生态文明的“活广告”，通过绿道使环保意识深入人心，让绿道建设者和管理者自觉重视生态建设，让更多的绿道使用者树立生态旅游观，选择生态出行、生态消费，进而为广州市的生态文明建设做出应有的贡献。

7.3.4 建设“平安绿道”，为绿道生态旅游发展提供安全保障

本研究表明，绿道安全问题是广州绿道使用者最重视但尚不够满意的方面。进一步保障绿道安全是当前相关部门亟须着手的一项工作。在绿道的规划设计层面，应做好安全性设计，基本事项包括：设置隔离带，实现人车分流；建立安全的交通衔接系统；在人流集中节点设置开阔活动空间；设置完备的安全警示标识系统；在夜晚使用密度较高的节段设置照明系统。在绿道管理层面，依法依规对绿道进行监管是保障绿道安全的根本，据此本研究提出以下建议：

（1）完善绿道立法，做到依据法规规避风险和处理事故。相关部门需对绿道管理办法进行补充，或出台针对使用行为的管理规章制度，以保障绿道的安全使用。不同地区的绿道管理规章制度会因当地绿道实际情况、风俗习惯、法规制度的不同而略有差异，但总的方针都是让使用者在使用绿道的过程中最大限度减小对绿道的损害，以及最大限度保障使用者在绿道上的安全和便利。目前，许多欧美国家都有针对绿道使用者的规章制度。如德国梅克伦堡郡为当地绿道使用者制定了绿道使用条例，规定：16 岁以下儿童骑自行车，溜旱冰或滑板要戴头盔；栓宠物皮带不能超过 6 英尺（1.83 米）长；严禁损害公园财物；严禁乱扔垃圾；严禁非开放时间擅入；严禁游泳等（吴瑾等，2015）。国外的上述做法和经验为广州各重要绿道节段出台类似针对绿道使用者的管理方案提供了有益的参考。

（2）加强执法，保障安全，实现绿道的有序运营。在绿道管理相关法规的指引下，负责绿道管理的有关职能部门应进一步理顺管理机制，严格依照相关法律、法规，有效开展各项绿道的管理与维护工作，妥善处理绿道使用中出现的问题与事故。管理部门要加强绿道安保工作，在重要节段设立治安岗亭，绿道使用密度较大时，增派治安人员。在区域绿道（如省立绿道、荒野区绿道等长距离绿道）沿线设置公里标志牌，以便做到绿道事故的准确定位。强化绿道安全监控，加强绿道巡逻，严禁机动车进入绿道。制定绿道安全管理细则，明确绿道管养责任主体，制定绿道事故预警和快速应急反应机制。严格保护绿道的生态环境、旅游使用环境，对环境污染、破坏性建设等违规行为及时处理。

7.3.5 建设“智慧绿道”，实施“互联网 + 绿道”工程

实施“互联网 + 绿道”工程，大幅提高绿道建设、管理与使用三个层面的信息化水平，全方位助力广州绿道的管理与维护。

（1）借助互联网平台，在现有基础上，健全广州市各区的绿道信息（如有关绿道规

划设计、建设进展、生态环境、动植物多样性变化、社区活动和改进讨论等信息）数据库，统一收集、保存和发布相关数据，并做到及时更新。

（2）开发服务于绿道使用者的可视化互动终端数据，借助虚拟现实及增强现实技术，通过可视化终端实现查阅游览路线、实时定位、图文并茂的景区介绍、全景复原图环视，从而做到使用者对游览信息的最大限度的认知与了解。

（3）建立绿道数据信息终端反馈收集系统，从已投入使用的绿道地区中收集绿道的现存安全隐患、医疗点服务情况、路面卫生状况、生物多样性变化、动植物栖息地动态、周边居民与使用者使用状况等数据。除人工获取外，数据获取的途径也应多元化，如安装使用者计数器、空气质量监测仪、摄像监控等电子仪器。同时针对反馈结果，及时收集社会各界提出的改进意见，并出台对应的整改措施。

（4）在绿道驿站、沿途以及重要绿道节点建设智慧绿道服务站。在服务站通过自助触摸屏终端设备可为绿道使用者及周边居民提供生活及导航服务。同时在服务站可进行自助式公共自行车租赁服务，使用者可以在任意服务站实现自行车的自助通租通还。

（5）开发和推广绿道旅游手机软件。随着智能手机移动终端设备的日益普及，越来越多的公众通过使用手机客户端进行多类型的消费行为。手机应用为用户提供一种便捷时尚的绿道服务体验方式。通过在智能手机安装智慧绿道手机客户端，用户可查询附近智慧绿道服务网点和工作站，同时还可查询到网点是否有车可租、是否可以还车，以更好地获取绿道服务。此外，手机应用还可以提供服务指导以及个人信息查询功能（孙帅，2013；方波等，2014）。

7.3.6　建设“文化绿道”，发展岭南特色的文化生态旅游

绿道是展示和传承地方文化的一个重要载体。文化遗产可以增加绿道的文化厚度，赋予绿道节段更多的“个性”，给使用者传递丰厚的文化信息，增强绿道的“可辨识度”，因而可以成为保障绿道可持续利用的重要支撑。与其他绿道配套建设相比，使用者喜闻乐见的文化遗产，只要保护和利用得当，完全可以成为支撑绿道可持续利用的“永动机”。广州又称“羊城”“穗城”，是我国首批国家历史文化名城和古代海上丝绸之路的发祥地，同时也是中国近代和现代革命的策源地，境内名胜古迹众多。广州是华南地区传统农业文化的中心区，勤劳的广州先民积累了大量宝贵的农业文化遗产。同时，粤菜融汇古今，贯通中西，形成了有别于国内其他地区、独具特色的岭南饮食文化，并赢得了“食在广州”的美称。这些宝贵的文化遗产极具岭南地方特色，在国内外具有很大影响力，为广州绿道的文化生态旅游产品开发提供了丰厚的文化素材（见表 7 -7）。

表7-7 广州绿道串联的文化遗产元素

类型	具体情况
文物保护单位	广州绿道沿线的国家级、省级和市级的文物保护单位，具体类型有古建筑、古遗址、古墓葬、古桥、古井、古石刻、近现代重要史迹及代表性建筑等。共计114处，大多位于城区绿道沿线。
现代文化设施	广州绿道沿线的博物馆、图书馆、科技馆、文化公园、剧院、电影院等文化设施，如位于新城市中轴线城市绿道沿线的广东省博物馆、广州图书馆、广州大剧院等。大多位于城区绿道沿线。
高等院校	广州绿道沿线的高等院校，如大学城高校群。大多位于城区绿道沿线。
传统历史街道	有广州绿道穿越的传统历史骑楼街区，主要分布在荔湾区、越秀区和海珠区；沿珠江两岸的特色历史建筑群与传统街道，如沿广州沿江西路至沿江中路的历史建筑景观带。共计16处。大多位于城区绿道沿线。
村落景观	广州绿道沿线以各级别古村落、美丽乡村、文明村、乡村旅游点等为代表的若干古村名村（代表性的有海珠区小洲村、南沙区大稳村、花都区红山村、增城区莲塘村和蒙花布村等），以花卉、古树等农作物为特色的、具有历史文化传统且较高观赏价值的景观（如广州多地可见的古乌榄林、古荔枝林、花田等）。大多位于乡村绿道沿线。
知名地方物产	泮塘五秀，万顷沙香蕉，增城丝苗米、香黏米、黑糯米，水南白蔗，密石大红柿，西园挂绿荔枝，钱岗糯米糍荔枝，茶滘生榄，西山乌榄，派潭凉粉草，增城迟菜心，雁塔石硖龙眼，仙村马蹄，城隍洲甜竹笋，水晶球荔枝，尚书怀荔枝，小楼冬瓜，白水紫番薯，中新客家鹅，炭步槟榔香芋，庙南粉葛，新垦莲藕，萝岗甜橙，萝岗糯米糍和黑叶荔枝，从化荔枝蜜等若干具有地域特色的广州知名物产，其中包括国家地理标志产品12项。大多物产的主产地在乡村绿道沿线。
文化节庆	从化区红花荷节、荔枝节、红叶节，增城区荔枝文化旅游节、何仙姑文化旅游节、菜心美食节、乌榄文化节，花都区炭步芋头节、油菜花节（客家文化欢乐节），南沙区妈祖文化旅游节、莲藕文化旅游节、果蔗文化节，番禺区莲花旅游文化节，黄埔区萝岗香雪梅文化旅游节等。

注：表格部分内容参考《广州绿道与沿线历史文化景观关系研究》（2011），其余内容为笔者整理。

（1）在广州城区，应以策划和发展文化遗产绿道（heritage greenway）为抓手，突显广州城市文脉，促进城区文化遗产保护。在绿道规划阶段，就应重点考虑文化遗产保护问题，将文化元素融入自然景观之中，使之成为主题鲜明的文化遗产绿道。将城市文化遗产保护和利用纳入绿道规划的策略包括："点"层次——绿道借助"文物保护单位、优秀历史建筑的保护范围"，控制保护历史文化遗产环境；"面"层次——绿道借助"市域、市区的自然保护区、历史文化风貌保护区"实现整体性保护；"线"层次——绿道借助“风貌保护道路”保护线形遗产廊道（陶莹等，2014）。绿道建成后，应充分发挥文化遗产绿道的文化展示功能。以绿色健康的出行交通方式，合理利用绿道地方文化遗产（包括物质和非物质文化遗产），系统展示现有的历史文化价值和内涵，使广州文化特色在新的城市建设中得以传承，强调对历史城区的空间景观环境的整治更新，提升人居环境质量。使绿道使用者能够直接或间接地认知和感受广州厚重的历史文化内涵，使他们能够比以往更加深切地感受到对广州独特地域文化的认同和依恋。

（2）在广州的乡村地区，现有实践已证明绿道的建设会通过生态旅游业的发展有效地带动乡村社会经济的发展，进而为地方文化遗产保护和传承提供良好的经济基础和更为广阔的受众基础。因此，给绿道赋予更多的地方文化特色是促进乡村地区的绿道生态旅游服务功能的重要措施。在广州市旅游发展格局中，休闲农业旅游是乡村地区未来发展的主导方向之一。相关部门应将价值较高的古村镇与绿道串联起来，一方面有效推进乡村旅游产业的发展，另一方面有效带动古村镇的保护和地方文化的保护传承。此外，相关部门也可以实施“以旅游带绿道”战略，进一步利用知名地方物产、民间文化节庆和村落景观，建设和培育一批具有较高文化品位的精品乡村旅游和生态旅游点，使之形成规模效应和文化品牌效应，从而可以通过旅游业的发展反过来带动绿道的规划建设及绿道生态旅游的发展。

7.3.7 建设“宣教绿道”，积极培育和宣扬绿道文化

积极培育新型、健康且丰富多彩的绿道文化，并让公众通过多种途径去了解绿道文化，是提升广州绿道生态旅游服务功能必不可少的一环。绿道文化的培育、绿道旅游健身观念的形成是一个潜移默化、持之以恒的长期过程，需要得到广大市民、外来旅游者的认可和参与。为此，本研究提出以下3点建议：

（1）利用多种媒介，广泛宣传，扩大广州绿道知名度，让民众充分认知绿道的益处。具体举措可以包括建设和完善广州绿道网络平台、编写广州绿道使用手册、策划举办广州绿道文化节、策划具有国内外影响力的绿道相关竞技项目、注重绿道相关文学艺术作品的创作与传播等。

（2）借助相关体育健身俱乐部等组织机构，推广和普及绿道文化。作为国内的重要都市区，珠三角地区是广州绿道生态旅游产业的主要客源地，户外休闲运动在珠三角居民生活中扮演的角色日益凸显。截至2015年，珠三角地区有工商局备案号的户外俱乐部已有100余家，其他非营利性组织或社团以及户外运动爱好者组织成立的各类运动俱乐部更是不计其数。一些户外俱乐部都会不定时推出绿道旅游线路，如在广州地区具有较大影响力的“天涯户外”“南方部落”等户外运动网站，便时常推出诸如“增城绿道休闲单车游”“骑行、徒步皆宜的广州流溪河绿道”“增城绿道踩单车、天南第一梯、白水寨瀑布一天生态之旅”“有如迷宫般的大稳村单车绿道”等广州绿道户外项目。此外，户外自行车俱乐部也呈现井喷式发展，各地的自行车运动协会每年都会举办一系列的户外自行车赛事及活动。这些和绿道紧密相关的民间组织、企事业单位的发展，为宣传和普及绿道文化提供了良好的载体。绿道不应仅拘泥于形式的“绿”，“绿”的更应是生活方式和生活态度。绿道文化传播载体的发展能够有效地促进“绿”的生活理念的推广和

普及，使绿道从精神上真正进入绿道使用者的生活。

（3）加强绿道安全与环保教育。通过电视、网络、报纸、宣传册等方式，宣传绿道休闲安全与环保的重要性，传达出“安全休闲，享受绿道”的生活理念。通过多种平台，建设绿道文化栏，通过展示绿道安全事故、绿道安全与环境保护知识，增强人们对绿道休闲旅游安全的关注。对于绿道使用者而言，也应加强安全与环保常识的学习，掌握自救技巧，提高自身突发事件处理能力。同时，加强绿道管理者安全管理培训，提升管理者安全管理素质，强化安全责任意识。此外，户外俱乐部对使用者开展绿道安全与环保教育也是一个重要途径，一些俱乐部已做了很好的示范。如“南方部落”户外运动网站在推出绿道旅游产品时，便会明文告知使用者一些注意事项，包括：①随身携带环保垃圾袋，带走自己产生的垃圾，如有能力应携带并清理旅途中的垃圾；②关爱自然环境，在户外旅行中，不要把水源处当成厕所，尽量不要在河流湖泊附近使用肥皂和洗发水；③传播爱护环境的理念，共同创造一个好的户外环境[①]。

7.4 小结

生态旅游是广州绿道相关产业中的主体内容，能否有效提升绿道生态旅游服务功能，是事关广州绿道可持续利用的关键问题。从使用者角度出发，绿道生态旅游服务功能发挥主要通过七个方面来支撑：①适合绿道使用者开展多目的游憩行为；②良好的管理与维护；③遵循绿道规划与建设标准；④地方社区支持和参与；⑤具有长久的旅游吸引力；⑥具有良好的生态、经济和社会文化效益；⑦完善的旅游服务系统。提升广州绿道生态旅游服务功能需要做好以下几方面的工作：①建设“三生绿道”，服务城市居民“慢生活”需求；②建设“辐射绿道”，充分发挥乡村绿道“以藤结瓜”效应；③建设“生态绿道”，全方位强化绿道生态服务功能；④建设“平安绿道”，为绿道生态旅游发展提供安全保障；⑤建设“智慧绿道”，实施“互联网＋绿道”工程；⑥建设“文化绿道”，发展岭南特色的文化生态旅游；⑦建设“宣教绿道”，积极培育和宣扬绿道文化。

---

① 相关内容来源于“南方部落”户外俱乐部官方网站，笔者加以整理。

第8章　研究结论与展望

8.1　主要结论

自20世纪90年代开始，绿道建设在全球范围内迅速地得到了普及。国内的绿道建设以游憩型为主，始建于2007年的广州，迄今广州绿道是国内线路最长、串联景点最多、综合配套设施最齐、在中心城区分布最广的游憩型绿道网络之一。综合国内外绿道使用者研究，可以得出“五个较多，五个不足”的基本判断：绿道使用研究的实证研究较多，理论的探索尚不足；发达国家绿道的研究成果较多，而对发展中国家的关注不足；城区绿道使用的研究较多，而对其他类型绿道的关注不足；大尺度区域绿道使用的研究较多，而对小范围绿道节段的关注不足；单类型绿道的行为与体验研究较多，而对多类型绿道的对比研究不足。基于以上背景，本研究选择广州市三种类型绿道的九处节段为调研对象，对绿道使用者的行为与体验进行了研究，主要研究结论如下：

8.1.1　绿道使用者的行为特点

绿道服务对象主要是本地城镇居民，绿道的位置特别是与城区的距离，对使用者的居住地结构具有决定性影响。使用者的受教育程度较高，学生、企业员工、自由职业者占大多数。使用者以中低收入者为主，无经济收入的（如学生、家庭主妇）占较大比重。广州绿道使用者主要以游憩休闲为目的，其次是运动健身、人际交往和通勤。步行/散步是广州绿道最普遍的一种使用方式，其次是骑自行车、绿道附近游玩。停留时间方面，停留1~3小时的使用者比重最高。在陪同方式方面，比重最高的是与家人或亲戚、与同学或朋友一起使用绿道。使用者低消费现象明显，拥有消费行为的绿道使用者主要支出项目包括餐饮、租自行车、公共交通等。通过进一步的数据分析，结果发现以下几点规律：①使用者的各项人口学特征对使用者的重游率、陪同方式、消费支出、停留时间、交通方式选择等使用行为具有不同程度的影响。②不同类型绿道节段游憩功能的实现呈现出不同的特点，使用者的使用动机很大程度上影响了绿道使用方式。③根据使用行为的不同，使用者可以分为社区居民、休闲旅游者和过路者三个典型类型。社区居民往往出于运动健身或通勤目的，从事短时间游憩健身，或只是路过该绿道节段。休闲旅游者往往以游憩休闲或人际交往为目的，进行远距离的“一日游”活动（以自驾车的家庭出游居多），以在绿道周边游玩为主。过路者多是使用区域绿道，或是到绿道附近的其他目的地，只是将绿道作为一个“驿站”做短暂停留。④使用者绿道使用经验和重游率、绿道与居住地距离、停留时间、消费支出等四项指标均存在显著正相关关系。停留时间、绿道与居住地距离的增加能够有效提升使用者的消费支出。使用者的重游率和绿道与居住地距离、停留时间存在显著负相关关系，一般而言，随着绿道与居住地距离的增加，使用者的重游率随之降低，重游率较低的使用者停留时间更长，消费支出也更多。

8.1.2 不同类型绿道节段使用行为的对比

在不同类型的绿道节段，使用者的使用行为呈现出了不同的特点。大多数城区绿道使用者的使用频率较高，而乡村绿道、自然绿道使用者第1次到访的比重很高。口碑宣传是乡村绿道、自然绿道使用者获知绿道信息的首要途径，而城区绿道使用者的信息获取主要途径则是“家在附近”。绿道与城区的距离越大，服务半径也随之增加。城区绿道使用者以近距离的为主，乡村绿道与自然绿道的远距离使用者比重较高。随着距离的增加，绿道使用者数量呈现出“先增长，后降低”的趋势，而不是简单的距离衰减，峰值点的位置主要取决于绿道与都市区（使用者主要客源地）之间的距离。城区绿道使用者步行到达绿道的比重较高，乡村绿道使用者则多数是自驾车到达，自然绿道使用者则以公共交通到达的比重较高。具体使用方式方面，城区绿道使用者选择步行的比重较高，而自然绿道使用者选择骑自行车的比重较高。选择到绿道附近游玩的，乡村绿道使用者比重较高。城区绿道使用者短时间使用绿道的比重较高，乡村使用者停留时间较长，过夜者较多。城区绿道中自己一人、携带宠物的使用者比重均为较高；乡村绿道使用者中，和家人或亲戚前来的比重较高；自然绿道使用者中，和同学或朋友前来的比重较高。城区绿道使用者的低消费现象更加明显，乡村绿道使用者消费支出较高。城区绿道使用者的公共交通支出比重较高；乡村绿道使用者在汽油费或停车费、购物、住宿方面的支出比重在三类绿道中较高；在租自行车支出方面，自然绿道使用者比重较高。总体来看，城区绿道与其他两类相比，使用者的行为具有显著的差异，而乡村绿道与自然绿道使用者之间的差异则较小。

8.1.3 绿道使用者的体验满意度研究

绿道使用者的总体满意度较高。在广州市三种类型绿道中，普遍存在的“亟须改进”类型因素为绿道的卫生设施和安全保障问题，城区绿道的整体使用条件最为优良，休闲设施不足是乡村绿道和自然绿道存在的共性问题。绿道沿线生态环境、路面状况、标识指引、与公共交通的衔接、服务中心对使用者的总体满意度有显著的正向影响。但绿道使用者体验满意度影响因素具有多样性和复杂性，很多因素不包括在绿道规划设计与使用环境之内。本研究归纳提出了一个概念模型来阐述绿道使用行为与体验的过程及其影响因素。该模型包括绿道使用者、决策行为、使用行为、使用体验4个部分，还包括一条反馈回路。该模型可为研究绿道使用与体验的内在机理、结构、类型等提供理论参考，对于使用者深化、优化游憩体验具有一定的指导意义，同时能够为绿道规划和管理者的决策行为提供理论支持。

8.1.4 绿道生态旅游服务功能提升研究

生态旅游是游憩型绿道产业的主体内容。通过增城区莲塘村的实证研究证实：绿道的建设能够有力地带动生态旅游产业的发展；绿道旅游的兴盛与否，不是简单地取决于是否建设了高质量的绿道，还取决于绿道的区位与线路设计，沿线旅游资源，政府支持、社区支持与参与等众多因素。本研究提出，绿道的生态旅游服务功能的发挥需要 7 个方面的支撑，具体包括：①适合绿道使用者开展多目的游憩行为；②良好的管理与维护；③遵循绿道规划与建设标准；④地方社区支持和参与；⑤具有长久的旅游吸引力；⑥具有良好的生态、经济和社会文化效益；⑦完善的旅游服务系统。

在对广州绿道生态旅游发展的限制性因素进行分析的基础上，提出了绿道生态旅游服务功能提升的对策：①建设“三生绿道”，服务城市居民“慢生活”需求；②建设“辐射绿道”，充分发挥乡村绿道“以藤结瓜”效应；③建设“生态绿道”，全方位强化绿道生态服务功能；④建设“平安绿道”，为绿道生态旅游发展提供安全保障；⑤建设“智慧绿道”，实施“互联网 + 绿道”工程；⑥建设“文化绿道”，发展岭南特色的文化生态旅游；⑦建设“宣教绿道”，积极培育和宣扬绿道文化。

8.2　研究展望

推进绿道使用者的相关研究不仅具有重要的学术意义，亦能够服务于建设实践。总的来说，与国外相比，国内绿道的建设主旨有所不同，公众对绿道的认知度尚不高，再加上休闲行为的差异，国内绿道的使用状况可能与国外绿道存在较大差异。在当前国内绿道建设热潮背景下，需要从以下领域做进一步深入的学术探索：

（1）借鉴多学科研究成果，构建绿道使用者行为及其与绿道相互作用效应的理论与方法论研究体系。

（2）创新研究方法，获取长期监测调查数据，特别需要加强对绿道使用密度的日变化、周变化、月变化、季节变化、年变化的长期监测及其动态变化研究，获得系统数据，深入开展不同类型绿道（或绿道节段）使用者对比研究。

（3）开展以提升使用者体验满意度为导向的绿道生态旅游产品的规划设计、开发、品牌营销与管理。

（4）开展乡村绿道使用者的深入研究，如乡村绿道使用者行为对地方生态环境与文化变迁的影响、乡村绿道可持续发展中的社区居民参与机制等问题。

（5）开展使用者和非使用者对绿道的认知差异研究。

（6）开展绿道景观生态格局、效应与过程、绿道节段周边的景区化程度对使用者的行为与体验影响研究，进而为绿道景观生态规划与空间优化布局提供理论依据。

（7）开展不同类型绿道及同类型绿道节段的生态服务功能评价与价值评估及其对绿道使用者的行为和体验影响研究。

（8）开展绿道建设的社区参与机制、绿道建设补偿机制、区域协同发展与共商共建共享模式等相关研究。

附　录

附录 A　调查问卷

绿道使用者的行为与体验调查问卷

尊敬的绿道使用者：

我们是华南农业大学的研究人员，现正在进行一项关于“绿道使用者的行为与体验”的问卷调查，调查信息仅用于研究，请您放心填写。

华南农业大学农业文化与乡村旅游研究中心

1. 您之前有没有来过××（说明：××代表所调查绿道节段名称）绿道？

□没有来过，这是第1次　□来过1~3次　□来过4~10次　□来过10次以上

2. 您通过哪种方式获取××绿道的有关信息？（可多选）

□家在附近　□听别人介绍　□网络　□电视/报刊/广告　□旅行社　□其他

3. 您这次是通过哪种交通方式到达××绿道？

□自驾车　□步行　□骑自行车　□团体包车　□公共交通　□其他方式

4. 您这次是和谁一起来到××绿道？

□自己一人　□携带宠物　□和家人/亲戚　□和朋友/同学

□和同事　□跟旅游团

5. 您这次使用绿道的主要方式是？（可多选）

□步行/散步　□骑自行车　□跑步　□玩滑板　□绿道附近游玩

6. 您本次或以前来××绿道的目的是？（可多选）

□运动健身　□上班/上学/路过　□亲近自然/休闲放松/观光游览

□陪同他人/交友交际　□其他

7. 您预计这次在××绿道及附近的停留时间？

□1个小时以内　□1~3小时　□3~5小时　□5~10小时　□10小时以上

8. 您从居住地到××绿道起点的距离有多远？

□1千米以内　□1~3千米　□3~8千米　□8~15千米　□15千米以上

9. 您预计这次××绿道之行的消费支出大约是？

□没有消费　□100元以下　□101~200元　□201~300元　□300元以上

10. 如您有金钱花费，您此次绿道之行的花费主要用在哪些方面？（可多选）

□租自行车　□汽油费/停车费　□公共交通　□餐饮　□购物　□住宿　□其他

11. 您对本次××绿道体验的满意度是?

□非常满意　□比较满意　□一般　□不满意　□非常不满意

12. 在此次游览中，如果绿道与周边的设施与风景（如公园、河流、乡村风光、餐饮与购物场所等）共计有5分的话，您认为绿道可以占多少分?

□5分　□4分　□3分　□2分　□1分　□0分

13. 除去××绿道之外，在过去3年时间，在广州（含增城、从化）范围内，您还去过几处绿道游览?

□没去过其他绿道　□1~2处　□3~5处　□5处以上

14. 请您根据使用××绿道的感受，对以下事项的重要性和满意度进行评价:

评价项目	重要性的评价					满意度的评价				
	很重要	重要	一般	不重要	很不重要	很满意	满意	一般	不满意	很不满意
1. 绿道的规划设计										
路面状况（是否平整、路面铺装、宽度）	□	□	□	□	□	□	□	□	□	□
与景点的连接状况	□	□	□	□	□	□	□	□	□	□
服务中心（自行车租赁点、停车场）	□	□	□	□	□	□	□	□	□	□
标识指引（路线图、方向指引）	□	□	□	□	□	□	□	□	□	□
休闲设施（座椅、凉亭等）	□	□	□	□	□	□	□	□	□	□
卫生设施（厕所、垃圾桶等）	□	□	□	□	□	□	□	□	□	□
安全保障（警力、医疗、安全提示等配套）	□	□	□	□	□	□	□	□	□	□
2. 绿道的使用环境										
沿线生态环境（空气、绿化、水质）	□	□	□	□	□	□	□	□	□	□
沿线商业发展（餐饮店、农家乐、购物点）	□	□	□	□	□	□	□	□	□	□
沿线卫生状况（是否垃圾多）	□	□	□	□	□	□	□	□	□	□

（续上表）

评价项目	重要性的评价					满意度的评价				
	很重要	重要	一般	不重要	很不重要	很满意	满意	一般	不满意	很不满意
与公共交通的衔接（离公车站、地铁站、汽车站的远近）	□	□	□	□	□	□	□	□	□	□
绿道使用密度（人是否太多，是否拥挤）	□	□	□	□	□	□	□	□	□	□
通信网络信号	□	□	□	□	□	□	□	□	□	□

15. 您认为××绿道以及沿途配套设施，还存在哪些问题？同时，也希望您提出宝贵的意见或建议。

____

____

请您留下个人基本信息，以便我们比较不同绿道使用者的偏好	
性别	□ 男 □ 女
居住地	□广州市 □广东其他城市 □国内其他省份 □境外
年龄	□18 岁及以下 □19 ~ 30 岁 □31 ~ 45 岁 □46 ~ 60 岁 □60 岁以上
学历	□初中及以下 □高中/中专 □大专 □本科 □硕士及以上
职业	□企业员工 □政府/事业单位人员 □学生 □农民 □个体户 □自由职业者 □离退休人员 □其他
年收入	□无收入 □3 万元以下 □3 ~ 6 万元 □6 ~ 10 万元 □10 ~ 15 万元 □15 万元以上

绿道旅游发展对社区的影响研究调查问卷

尊敬的莲塘村居民：

您好！我们在做绿道旅游发展对社区影响的调查研究，希望得到您的意见和信息。您的宝贵见解对我们的研究至关重要，请根据您的实际情况及实际感受，选出您认为最恰当的选项或在空格处填写答案。本问卷结果只作学术研究之用，请您放心填写。感谢您的支持与合作，谢谢！

华南农业大学农业文化与乡村旅游研究中心

第一部分　莲塘村受访居民个人资料

1. 性别：□男　□女
2. 年龄：□15～25 岁　□26～45 岁　□46～65 岁　□65 岁以上
3. 是否是本村居民：□是　□邻村　□其他地方
4. 您的文化程度：□小学　□初中　□高中或中专　□大专、本科或以上
5. 您在本地的居住时间：□5 年以下　□6～10 年　□11～20 年　□21 年及以上
6. 个人收入的主要来源：□种田　□农家乐、旅馆等经营　□土特产制作与销售　□外出务工　□日常用品零售　□（单位、企业）工资　□其他

第二部分　建设绿道给莲塘村带来的影响

您认为本地在建设绿道前后，发生了哪些变化？请客观评价：

序号	内容	居民认可度				
1	绿道带动了旅游业的迅速发展	非常认同	认同	不好说	不认同	非常不认同
2	村容村貌有了很大改观	非常认同	认同	不好说	不认同	非常不认同
3	交通、卫生等基础设施条件得到改善	非常认同	认同	不好说	不认同	非常不认同
4	居民的经济收入增加	非常认同	认同	不好说	不认同	非常不认同
5	居民的生活水平得到提高	非常认同	认同	不好说	不认同	非常不认同
6	居民，特别是女性就业机会增加	非常认同	认同	不好说	不认同	非常不认同
7	外出务工的居民数量减少	非常认同	认同	不好说	不认同	非常不认同
8	社会治安状况有所恶化	非常认同	认同	不好说	不认同	非常不认同
9	本地的商品价格提高	非常认同	认同	不好说	不认同	非常不认同
10	居民的自豪感以及对本地文化的认同感提升	非常认同	认同	不好说	不认同	非常不认同
11	居民的个人素质有所提高	非常认同	认同	不好说	不认同	非常不认同
12	居民的卫生习惯有改善	非常认同	认同	不好说	不认同	非常不认同
13	居民讲普通话的机会越来越多	非常认同	认同	不好说	不认同	非常不认同
14	有很多外地人来本村打工	非常认同	认同	不好说	不认同	非常不认同

（续上表）

序号	内容	居民认可度				
15	有一些外地人来投资做生意	非常认同	认同	不好说	不认同	非常不认同
16	从事农业生产的居民越来越少	非常认同	认同	不好说	不认同	非常不认同
17	居民正常的生活与生产秩序受到干扰	非常认同	认同	不好说	不认同	非常不认同

第三部分　建设绿道后，居民对农业文化遗产的认识与态度

序号	内容	居民认可度				
1	乌榄与荔枝老树是莲塘村居民的宝贵文化遗产，要重点保护	非常认同	认同	不好说	不认同	非常不认同
2	建设绿道后，传统的乌榄与荔枝种植和管理技术得到了更好的传承	非常认同	认同	不好说	不认同	非常不认同
3	建设绿道后，乌榄与荔枝制品的加工技术得到了更好的传承	非常认同	认同	不好说	不认同	非常不认同
4	本村乌榄、荔枝的市场收益得到了很大提升	非常认同	认同	不好说	不认同	非常不认同
5	政府部门对老树的保护采取了更多措施	非常认同	认同	不好说	不认同	非常不认同
6	乌榄、荔枝的历史文化得到了政府等部门的更多关注	非常认同	认同	不好说	不认同	非常不认同
7	居民对乌榄等老树的重要价值有了更清楚的认识	非常认同	认同	不好说	不认同	非常不认同
8	本地村民对乌榄与荔枝老树的保护意识增强	非常认同	认同	不好说	不认同	非常不认同
9	本地村民对乌榄与荔枝老树加强了管理	非常认同	认同	不好说	不认同	非常不认同
10	砍伐乌榄与荔枝老树的现象减少	非常认同	认同	不好说	不认同	非常不认同

第四部分　农业文化遗产与绿道旅游的关联性

序号	内容	居民认可度				
1	游客喜欢乌榄、荔枝、迟菜心等本地特色农产品	非常认同	认同	不好说	不认同	非常不认同
2	乌榄与荔枝老树景观是吸引游客的重要元素	非常认同	认同	不好说	不认同	非常不认同

（续上表）

序号	内容	居民认可度				
3	乌榄与荔枝采摘季节，游客数量会增加很多	非常认同	认同	不好说	不认同	非常不认同
4	政府应该推动古乌榄与荔枝林申报国家农业文化遗产等高层次保护	非常认同	认同	不好说	不认同	非常不认同
5	村民应该积极支持和参与古乌榄与荔枝林的保护	非常认同	认同	不好说	不认同	非常不认同
6	古乌榄与荔枝林的保护，有利于绿道旅游的发展	非常认同	认同	不好说	不认同	非常不认同

第五部分　居民对现状的评估

1. 您认为，莲塘春色旅游区目前存在哪些问题？对这些问题有何建议？

____

____

____

2. 您认为，在乌榄与荔枝老树的保护中还存在哪些问题？对这些问题有何建议？

____

____

____

附录 B　实地调研图片

图 B－1　大门紧闭的南沙滨海公园驿站①

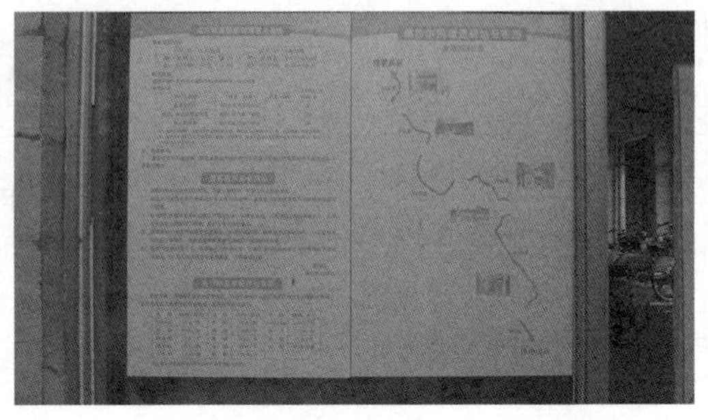

图 B－2　滨海公园驿站门口张贴的绿道使用指南

图 B－3　蒙花布绿道沿线的乌榄老树

图 B－4　蒙花布村旅游业的新业态——乡村民宿

图 B－5　在从化河岛公园绿道旁边休闲的使用者（张韵摄）

图B－6　蒙花布绿道沿线的使用者在烧烤

① 说明：本附录的图片如无说明，均为笔者拍摄。

图 B－7　在莲塘春色绿道，调查员访问绿道使用者

图 B－8　莲塘春色绿道沿线的标识牌

图 B－9　农家乐出租多种类型的自行车

图 B－10　清晨沿江路绿道上的多类型使用者（米建平摄）

图 B－11　增城绿道小楼镇段沿线的“增城十宝”宣传牌

图 B－12　乡村绿道沿线供应餐饮的摊贩

图 B－13　家庭型绿道使用者偏爱绿道附近的游憩场所

图 B－14　乡村道路很大程度上承担了绿道的功能

图 B－15　乡村绿道沿线的农业物产宣传标识牌

图 B－16　乡村绿道道路指引标识牌

图 B－17　乡村绿道旅游发展带来一些环境问题

图 B－18　骑行于优美乡村环境中的绿道使用者

图 B－19　绿道旅游带动了农村土特产的销售

图 B－20　水质欠佳一定程度上影响了荔枝湾滨水步行绿道的使用

图 B－21　海珠区生物岛自行车绿道沿线以人工绿化环境为主

图 B－22　番禺区大学城绿道为周边的青年人提供了健身机会

图 B－23　花城广场的亲水步行绿道

图 B－24　伴随着省立 1 号绿道海珠区段的建设，海珠涌水质得到改善

图 B－25　省立 1 号绿道海珠区小洲驿站中地方水果特产的宣传牌

图 B－26　省立 1 号绿道海珠区海珠涌段的桥梁

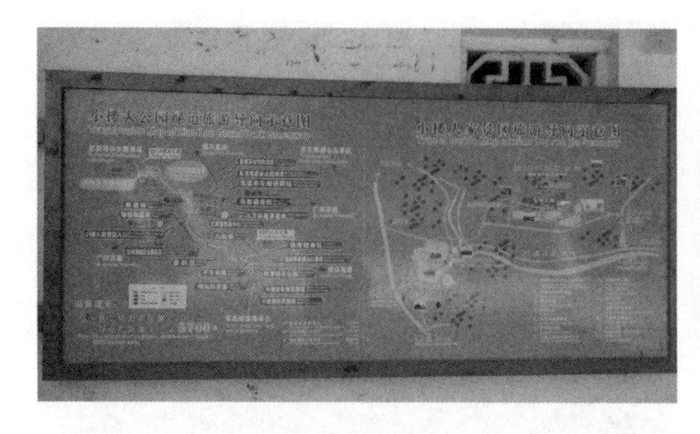

图 B－27　绿道“以藤结瓜”效果显著，产生了一批乡村旅游景区

图 B－28　村民车辆驶入自行车绿道现象多见

图 B－29　村委会设置“严禁偷摘水果，违者罚款五百元”标识牌

图 B－30　增江绿道增江街西山村段，高耸的是始建于明代的凤塔

图 B－31　花都区红山村，铺设于稻田之上的绿道

图 B－32　停车场容量有限，游客只好将车辆停靠在绿道一侧

图 B－33　海珠区绿道万亩果园段

图 B－34　在广州城区，许多道路自行车道设置过窄

图 B－35　调查员在大夫山访问绿道使用者（李丽美摄）

图 B－36　2014 年 4 月，作者带领调查人员考察增城绿道（路人摄）

参考文献

[1] 查尔斯·E·里特尔. 美国绿道 [M]. 余青，莫雯静，陈海沐，译. 北京：中国建筑工业出版社，2013.

[2] 洛林·LaB·施瓦茨，查尔斯·A·弗林克，罗伯特·M·西恩斯. 绿道：规划·设计·开发 [M]. 余青，柳晓霞，陈琳琳，译. 北京：中国建筑工业出版社，2011.

[3] 蔡云楠，方正兴，李洪斌，等. 绿道规划——理念·标准·实践 [M]. 北京：科学出版社，2013.

[4] 曾宪川. 绿道综合功能开发实践与探索 [J]. 风景园林，2012 (3)：168.

[5] 车生泉. 城市绿色廊道研究 [J]. 城市规划，2001，25 (11)：44-48.

[6] 陈建华. 广州年鉴：2015 [M]. 广州：广州年鉴出版社，2015.

[7] 陈洁，吴晋峰. 国内游憩行为研究综述 [J]. 商场现代化，2010 (13)：97-99.

[8] 陈昆仑. 广州3万辆公共自行车将到位，市民重视归还路权 [N]. 羊城晚报，2016-04-21.

[9] 陈淑莲，舒伊娜，王丽娜. 绿道休闲服务供给机制研究——以广州市增城区为例 [J]. 热带地理，2015，35 (6)：934-942.

[10] 陈伟. 旅游体验及其影响因素与游后行为意向的关系研究——以大湄公河次区域中国游客为例 [D]. 昆明：云南大学，2015.

[11] 仇保兴. "绿道"为生态文明领航 [J]. 风景园林，2012 (3)：24-29.

[12] 大卫·墨菲，丹尼尔·莫雷克. 中欧绿道——设计可持续发展的国际性廊道 [J]. 中国园林，2011，27 (3)：55-58.

[13] 方波，黄泽恩，袁峰，等. 智慧绿道建设与设计探讨 [J]. 惠州学院学报 (自然科学版)，2014，34 (3)：94-100.

[14] 弗里克·卢斯，玛蒂娜·维恩·维. 绿道与雨洪管理 [M]. 潘潇潇，译. 桂林：广西师范大学出版社，2016.

[15] 付斌. 日本冈山市西川绿道公园 [J]. 世界建筑，1985 (2)：28-29.

[16] 广东省城乡规划设计研究院. 增城市"莲塘春色"国际生态旅游示范村村庄规划 [R]. 2010.

[17] 广东省城乡规划设计研究院. 珠江三角洲绿道网总体规划纲要 [J]. 建筑监督检测与造价，2010，3 (3)：10-70.

[18] 广东省人民政府. 广东省绿道建设管理规定 [EB/OL]. 2013-09-05，http://www.gdgreenway.net/ViewMessage.aspx? MessageId=118758&ColumnId=496.

[19] 广东省住房和城乡建设厅，广东省绿道网建设总体规划项目组. 广东省绿道网建设总体规划 (文本)：2011—2015年 [R]. 2012.

［20］广东省住房与城乡建设厅．广东省省立绿道建设指引［R］．2011.

［21］广州市城市规划编制研究中心，广州市城市规划勘测设计研究院．广州市绿道网建设规划［R］．2010.

［22］广州市林业和园林局．广州市绿道管理办法［EB/OL］．2012－04－09，http：//sfzb. gzlo. gov. cn/sfzb/file. do？fileId＝FF80808136A5DD460136AA985B860008

［23］郭栩东．基于消费者参与的城市游憩型绿道经营管理研究［D］．大连：大连理工大学，2013.

［24］郝晓斌，陈晓娟，朱为斌，等．城乡绿道的游憩功能实现及产品开发［J］．中国城市林业，2016，14（1）：55－57.

［25］何俊勇．广州市绿道工程效益评估［D］．北京：中国林业科学研究院，2014.

［26］侯琳．城乡游憩型绿道体系构建——以金华市为例［D］．杭州：浙江师范大学，2013.

［27］胡剑双，戴菲．中国绿道研究进展［J］．中国园林，2010，26（12）：88－93.

［28］胡键，岳宗．改革不停顿，开放不止步——习近平总书记考察广东纪实［J］．当代广西，2013（1）：6－8.

［29］胡卫华．绿道旅游存在的问题及开发对策——以珠三角绿道网为例［J］．热带地理，2013，33（4）：504－510.

［30］黄浦江．城市绿道网络识别、评价与优化［D］．武汉：武汉大学，2014.

［31］黄万英，蒙睿，叶文．国内旅游者旅游行为研究述评［J］．桂林旅游高等专科学校学报，2005，16（6）：57－60.

［32］黄熙灯．广州今年建300km绿道［N］．信息时报，2013－03－01.

［33］姜媛媛，赵家敏，吴华清．广州市绿道效益及其存在问题研究［J］．安徽农业科学，2016，44（12）：205－208，225.

［34］姜媛媛．广州市绿道效益及其存在问题研究［D］．广州：广州大学，2013.

［35］交通与发展政策研究所（中国办公室）．城市绿道系统优化设计［M］．苏州：江苏凤凰科学技术出版社，2016.

［36］金利霞，江璐明．珠三角绿道经营管理模式与区域协调机制探究——美国绿道之借鉴［J］．规划师，2012，28（2）：75－80.

［37］赖寿华，朱江．社区绿道：紧凑城市绿道建设新趋势［J］．风景园林，2012（3）.

［38］雷霞．消费者购买决策过程的实证分析［D］．南宁：广西大学，2007.

［39］雷岳．广东“绿道革命”［J］．决策，2015（5）：60－61.

［40］李佳楠，何原荣，陈鉴知．绿道建设实践述评［J］．齐齐哈尔大学学报（哲学社会科学版），2015（12）：65－67.

［41］李敏．国外绿道研究现状与我国珠三角地区的实践［J］．中国城市林业，2010（3）：7－10.

［42］李明彦．乡村社区中的公共空间营造设计研究［D］．广州：广东工业大学，2015.

[43] 李萍萍．基于太原历史名城保护下的文化绿道规划研究［J］．山西建筑，2016，42（17）：15－16.

[44] 李仕平．广州国际生物岛景观研究［D］．广州：华南理工大学，2013.

[45] 李团胜，王萍．绿道及其生态意义［J］．生态学杂志，2001，20（6）：59－61.

[46] 梁明珠，刘志宏．都市型绿道的感知与满意度研究——以广州市为例［J］．城市问题，2012（3）：14－18.

[47] 林嘉玲，甘巧林，魏申，等．广州市绿道功能感知的 IPA 评价与分析［J］．云南地理环境研究，2012，24（3）：48－54.

[48] 刘滨谊，余畅．美国绿道网络规划的发展与启示［J］．中国园林，2001，17（6）：77－81.

[49] 刘畅，陈小芳，孙欣欣，等．日本绿道建设概况及启示［J］．世界林业研究，2016，29（3）：91－96.

[50] 刘文丽．基于主客感知视角的游憩绿道影响研究——以"三江两岸"绿道桐庐段为例［D］．杭州：浙江工商大学，2012.

[51] 刘幸，何颖思．三千里绿道，纵横广州城［N］．广州日报，2015－11－25.

[52] 刘幸．广州绿道将全面升级，推 18 条精品路线［N］．广州日报，2015－08－04.

[53] 刘一心，付晶晶．广东绿道管理亟待法律规范——省住房城乡建设厅已完成起草绿道网规划建设管理规定［N］．中国建设报，2012－06－26.

[54] 刘云刚，罗启亮．绿道建设对乡村旅游的影响研究——以广东增城为例［J］．城市观察，2014（1）：67－81.

[55] 卢飞红，尹海伟，孔繁花．城市绿道的使用特征与满意度研究——以南京环紫金山绿道为例［J］．中国园林，2015，31（9）：50－54.

[56] 卢佳，李应华，张若然，等．骑车"丈量"广州绿道，哪一段最惬意？——增城绿道全市最长，但驿站运营率不足六成［N］．新快报，2015－08－31.

[57] 卢轶．珠三角绿道网获全球百佳范例奖［N］．南方日报，2013－02－07.

[58] 罗布·H·G·容曼，格洛里亚·蓬杰蒂．生态网络与绿道——概念·设计与实施［M］．余青，陈海沐，梁莺莺，译．北京：中国建筑工业出版社，2011.

[59] 罗琦，许浩．绿道研究进展综述［J］．陕西农业科学，2013，59（2）：127－131.

[60] 罗晓莹，黄耀君，梁艳萍，等．社区绿道系统使用后评价（POE）研究——以韶关市为例［J］．中国农学通报，2014，30（25）：273－278.

[61] 罗艳菊．森林游憩区游憩冲击感知与游客体验之间的关系研究——以张家界国家森林公园为例［D］．长沙：中南林业科技大学，2006.

[62] 洛尔·考米尔，莫尼克·考布兰科，雅克·博德里．法国的绿道概念，孰新孰旧？［J］．中国园林，2011，27（3）：55－58.

[63] 吕毓虎，程林，蒲西安．不同学科专业大学生参与绿道休闲运动差异分析［J］．当代体育科技，2016，6（2）：47－48.

［64］马爽，汤巧香．城市慢行空间及景观特色营造——以天津城市绿道公园为例［J］．天津城建大学学报，2015，21（4）：252－257.

［65］马向明，程红宁．广东绿道体系的构建：构思与创新［J］．城市规划，2013，37（2）：38－44.

［66］马向明．绿道在广东的兴起和创新［J］．风景园林，2012（3）：71－76.

［67］潘晓均．“4＋2”骑行生活在番禺悄然兴起［N］．番禺日报，2014－07－15.

［68］彭华．旅游发展驱动机制及动力模型探析［J］．旅游学刊，1999（6）：39－44.

［69］彭利圆．城市游憩型绿道公共设施研究——以长沙市洋湖垸绿道为例［D］．长沙：中南大学，2013.

［70］秦小萍，魏民．中国绿道与美国 Greenway 的比较研究［J］．中国园林，2013，29（4）：119－124.

［71］邱衍庆．以绿道功能开发促“成熟完善”［J］．风景园林，2012（3）：164－165.

［72］任斌斌，丛日晨，郭佳，等．绿道综述［J］．园林科技，2014，132（2）：1－6.

［73］史丽娜，林鸿民．海南乡村绿道立法及其保护建议［C］//海南省社会科学界联合会．当代海南论坛2011冬季峰会——让旅游插上文化的翅膀：海南旅游与文化融合发展论文集，2011：208－209.

［74］粟娟，何清．广州绿道建设研究［J］．中国城市林业，2014，12（2）：55－57.

［75］孙帅．都市型绿道规划设计研究［D］．北京：北京林业大学，2013：238－239.

［76］孙延红．国外旅游者行为研究综述［J］．企业经济，2006，35（3）：101－103.

［77］谭少华．绿道规划研究进展与展望［J］．中国园林，2007，23（2）：85－89.

［78］陶莹，卢凯．基于历史文化遗产保护和利用功能的绿道规划策略研究［C］//中国城市规划学会．城乡治理与规划改革——2014中国城市规划年会论文集，2014.

［79］田里，李柏文，周小坤．旅游目的地竞争力：重要性—绩效分析［J］．人文地理，2009，24（6）：79－81，54.

［80］王楚君．广州市城市公共空间使用状况评价研究——以花城广场为例［D］．广州：华南理工大学，2015.

［81］王芳，陈金华，汪秀芳．绿道休闲旅游安全管理对策研究［J］．北京第二外国语学院学报，2015，37（7）：70－133.

［82］王飞．日常生活视角下广州社区绿道的建设与使用研究［D］．广州：华南理工大学，2015.

［83］王平建．城市绿地生态建设理论与实证研究——以上海市为例［D］．上海：复旦大学，2005.

［84］王屏，戴年华，欧阳雪莲，等．中西方森林游憩者生态行为影响研究——基于解说驱动机制视角［J］．生态学报，2016，36（12）：3666－3677.

［85］王维艳，沈琼，李强．西部乡村民族社区景区化的内涵及表征［J］．云南地理环境研究，2011，23（2）：10－14.

［86］王招林，何昉．试论与城市互动的城市绿道规划［J］．城市规划，2012，36（10）：34－39.

［87］王志芳，孙鹏．遗产廊道：一种较新的遗产保护方法［J］．中国园林，2001，17（5）：85－88.

［88］闻雪浩，阮晶晶，闻建．都市圈地区绿道的多功能建设初探——以珠三角绿道建设为例［C］//中国城市规划学会．多元与包容——2012 中国城市规划年会．2012.

［89］吴瑾，孙斌，刘爱容．国际绿道管理实践分析［J］．生态科学，2015，34（1）：205－208.

［90］吴晋峰，马耀峰．国内旅游者人口学特征对比研究［J］．陕西师范大学学报（自然科学版），2003，31（4）：104－109.

［91］吴隽宇，游亚昀．游客体验与资源保护技术框架对广东绿道建设的借鉴与启示［J］．南方建筑，2014（3）：67－72.

［92］吴隽宇．广东增城绿道系统使用后评价（POE）研究［J］．中国园林，2011，27（4）：39－43.

［93］吴敏．完善建设管理，促进绿道功能开发［J］．风景园林，2012（3）：166－167.

［94］肖岳峰，张殿红．旅游者行为研究综述［J］．旅游纵览，2014（1）：72、74.

［95］谢庆裕．文化绿道建设助力珠三角文化一体化［N］．南方日报，2011－06－27.

［96］徐东辉，郭建华，高磊．美国绿道的规划建设策略与管理维护机制［J］．国际城市规划，2014，29（3）：83－90.

［97］徐建欣．广州增城绿道对传统村落的景观整合方式探讨［D］．广州：华南理工大学，2014.

［98］徐文辉．绿道规划设计：理论与实践［M］．北京：中国建筑工业出版社，2010.

［99］薛莹，田银生．闲暇、休闲、游憩、旅游之论［J］．经济地理，2007，27（5）：826－829.

［100］闫祥青，闫祥山．游憩型绿道的功能价值及其规划原则［J］．西安建筑科技大学学报（社会科学版），2016，35（3）：54－57.

［101］颜佩楠，叶木泉．城市历史文化型绿道建设——以厦门铁路文化绿道为例［J］．园林，2012（6）：52－55.

［102］杨香花，刘云刚，刘雪妹．佛山绿道公众感知情况调查研究［J］．城市观察，2011（6）：181－188.

［103］杨香花，刘云刚．基于 IPA 方法的绿道公众满意度评价研究——以广东省佛山市为例［J］．西南农业大学学报（社会科学版），2012，10（6）：1－7.

［104］叶丹．广州绿道与沿线历史文化景观关系研究［D］．广州：华南理工大学，2011.

［105］叶强，张森．中国绿道研究进展综述［EB/OL］．2016－03－16. http：//www. paper. edu. cn/releasepaper/content/201603－232.

［106］叶盛东．美国绿道（American Greenways）简介［J］．国外城市规划，1992（3）：44－47.

［107］佚名．新建绿道300km［N］．广州日报，2013－11－20.

［108］余青，莫雯静．风景道建设是人类生态文明的发展趋势［J］．综合运输，2011（1）：74－78.

［109］余青，吴必虎，刘志敏，等．风景道研究与规划实践综述［J］．地理研究，2007，26（6）：1274－1284.

［110］余勇，田金霞．骑乘者休闲涉入、休闲效益与幸福感结构关系研究——以肇庆星湖自行车绿道为例［J］．旅游学刊，2013，28（2）：67－76.

［111］俞孔坚．城市绿道规划设计［M］．苏州：江苏凤凰科学技术出版社，2015.

［112］袁晓亮．中美游憩型绿道建设及旅游开发的比较研究［D］．兰州：西北师范大学，2015.

［113］张安，万绪才．南京国内旅游客流人口学特征及旅游决策行为探析［J］．东南大学学报（哲学社会科学版），2004，6（1）：82－87.

［114］张晨．广东绿道　广州最长［N］．广州日报，2015－05－29.

［115］张文，范闻捷．城市中的绿色通道及其功能［J］．国外城市规划，2000（3）：40－42.

［116］张亚琼，周晨．绿道规划设计研究进展［J］．湖南农业科学，2016（5）：122－124，128.

［117］张云彬，吴人韦．欧洲绿道建设的理论与实践［J］．中国园林，2007，23（8）：33－38.

［118］赵飞，龚金红，李艳丽．乡村游憩型绿道的使用者行为与体验满意度研究［J］．地域研究与开发，2016，35（5）：110－114.

［119］赵飞，倪根金，章家恩．历史时期增城乌榄的种植与利用研究［J］．农业考古，2014（1）：216－221.

［120］赵飞，章家恩．农业遗产保护与利用视角下的美丽乡村建设研究［J］．南方农村，2013（6）：71－74.

［121］赵飞．发展中的广州现代农业［M］．北京：光明日报出版社，2016.

［122］赵海春，王靛，强维，等．国内外绿道研究进展评述及展望［J］．规划师，2016，32（3）：135－141.

［123］赵鹏程，陈东田，刘雪，等．河道生态建设的技术研究［J］．中国农学通报，2011，27（8）：291－295.

［124］中国城市科学研究会，中国城市规划协会，中国城市规划学会，等．中国城市规划发展报告（2011—2012）［M］．北京：中国建筑工业出版社，2012.

［125］周年兴，俞孔坚，黄震方．绿道及其研究进展［J］．生态学报，2006，26（9）：3108－3116.

［126］朱江，尹向东，周健．构建与法定规划体系相衔接的绿道规划体系［J］．现代城市研究，2012，27（3）：13－18.

[127] 朱为斌，陈晓娟，郝晓斌．“大旅游时代”背景中的游憩型绿道开发初探[J]．农村经济与科技，2015，26（8）：77－78.

[128] AHERN J. Greenways as a planning strategy [J]. Landscape and urban planning, 1995, 33: 131 – 155.

[129] AKPINAR A. Assessing the users' perceptions, preferences, and reasons for use of urban greenway in Aydin – Kosuyolu province [J]. Journal of the faculty of forestry, 2014, 64 (2): 41 – 55.

[130] AKPINAR A. Factors influencing the use of urban greenways: A case study of Aydin, Turkey [J]. Urban forestry & Urban greening, 2016, 16: 123 – 131.

[131] ANDERSON C E. Comparing resident and vistor trail use in Jasper national park: Implcations for future mangement of the day – use network [D]. Burnaby: Simon Fraser University, 2005.

[132] ASADI – SHEKARI, MOEINADDINI1, ZALY – SHAH，钮志强．非机动交通方式服务水平探讨——应对步行和自行车服务水平评价问题[J]．城市交通，2014，12（5）：77－94.

[133] BIALESCHKI M D, HENDERSON K A. Constraints to trail use [J]. Journal of park and recreation, 1988 (6): 20 – 28.

[134] CESSFORD G. Perception and reality of conflict: Walkers and mountain bikes on the Queen Charlotte track in New Zealand [J]. Journal for nature conservation, 2003, 11 (4): 310 – 316.

[135] CSAPÓ J, SZABÓ G, SZABÓ K. From eco lodges to Baranya greenway: Innovative rural tourism product brands in south Transdanubia [J]. Acta geographica univesitatis comenianae, 2015, 59 (2): 203 – 217.

[136] COUTTS C. Greenway accessibility and physical – activity behavior [J]. Environment and planning B: Planning and design, 2008, 35 (3): 552 – 563.

[137] COUTTS C, MILES R. Greenways as green magnets: The relationship between the race of greenway users and race in proximal neighborhoods [J]. Journal of leisure research, 2011, 43 (3): 317 – 333.

[138] CRONAN M K, SHINEW K J, STODOLSKA M. Trail use among Latinos: Recognizing diverse uses among a specific population [J]. Journal of park and recreation administration, 2008, 26 (1): 62 – 86.

[139] DAENGBUPPHA J, HEMMINGTON N, WILKESK. Using grounded theory to model visitor experiences at heritage sites: Methodological and practical issues [J]. Qualitative market research, 2006, 9 (4): 367 – 388.

[140] DAWE N. The economic benefits of greenways [J]. Parks and recreation Canada, 1996 (5 – 6): 17 – 18.

[141] DAVIS C R. Physical activity and greenway usage among proximate and non – proximate residents [D]. Greenville: East Carolina University, 2011.

［142］ DAVIES N J, LUMSDON L M, WESTON R. Developing recreational trails: Motivations for recreational walking ［J］. Tourism planning & development, 2012, 9 (1): 77 –88.

［143］ DEENIHAN G, CAULFIELD B. Do tourists value different levels of cycling infrastructure? ［J］. Tourism management, 2015, 46: 92 –101.

［144］ DEENIHAN G, CAULFIELD B, O'DWYER D. Measuring the success of the Great Western greenway in Irelands ［J］. Tourism management perspectives, 2013 (7): 73 –82.

［145］ DEPARTMENT OF CONSERVATION AND RECREATION. DCR trails guidelines and best practices manual ［EB/OL］. (2014 –03 –06) . http: //www. mass. gov/eea/docs/dcr/stewardship/greenway/docs/dcrguidelines. pdf.

［146］ DEYO N, BOHDAN M, BURKE R, et al. Trails on tribal lands in the United States ［J］. Landscape and urban planning, 2014, 125: 130 –139.

［147］ DORWART C E. Views from the path: Evaluating physical activity use patterns and design preferences of older adults on the Bolin Creek greenway trail ［J］. Journal of aging and physical activity, 2014.

［148］ DORWART C E, MOORE R L, LEUNG Y F. Visitors' perceptions of a trail environment and effects on experiences: A model for nature –based recreation experiences ［J］. Leisure sciences an interdisciplinary journal, 2009, 32 (1): 33 –54.

［149］ FÁBOS J G. Greenway planning in the United States: Its origins and recent case studies ［J］. Landscape and urban planning, 2004, 68 (2): 321 –342.

［150］ FÁBOS J G. Introduction and overview: The greenway movement, uses and potentials of greenways ［J］. Landscape and urban planning, 1995, 33: 1 –13.

［151］ FABOS J, AHERN J. Greenways: The beginning of an international movement ［M］. Amsterdam: Elsvier, 1996.

［152］ FÁBOS G J, RYAN RL. An introduction to greenway planning around the world ［J］. Landscape and urban planning, 2006, 76 (s1 –4): 1 –6.

［153］ FITZHUGH E C, BASSETT JR D R, EVANS M F. Urban trails and physical activity: A natural experiment ［J］. American journal preventive medicine, 2010, 39 (3): 259 –262.

［154］ FLINK C A. The American greenway movement ［J］. Canadian water resources journal, 1993, 18 (3): 485 –492.

［155］ FRAUMAN E, CUNNINGHAM P H. Using a means –end approach to understand the factors that influence greenway use ［J］. Journal of park and recreation administration, 2001, 19 (3): 93 –113.

［156］ FURUSETH O J. Greenway user characteristics and attitudes: A study of the McAlpine greenway, Charlotte, North Carolina ［C］ // Paper at International Conference on Parkways, Greenways, and Riverways, Asheville, North Carolina, 1989.

［157］ FURUSETH O J, ALTMAN R E. Who's on the greenway: Socioeconomic, demographic, and locational characteristics of greenway users ［J］. Environmental management,

1991, 15 (3): 329 -336.

[158] GOBSTER P H. Perception and use of a metropolitan recreation greenway system for recreation [J]. Landscape and urban planning, 1995, 33: 401 -413.

[159] GOBSTER P H. Recreation and leisure research from an active living perspective: Taking a second look at urban trail use data [J]. Leisure sciences, 2005, 27 (5): 367 -383.

[160] GOBSTER P H. Trends in urban forest recreation: Trail use patterns and perceptions of older adults [C] // Proceedings of the National Outdoor Recreation Trends Symposium, 1990, 3.

[161] GODFREY J. The value of greenways in children's play and education [J]. Play-Rights, 1997 , 19 (2): 19 -24.

[162] HELLMUND P G, SMITH D S. Designing greenways: Sustainable landscapes for nature and people [M]. Washington: Island Press, 2006.

[163] ILES L, WIELE K. The benefits of rail - trails and greenways [J]. Recreation Canada, 1993, 51 (5): 25 -28.

[164] IRISH NATIONAL TRAILS OFFICE. A guide to planning and developing recreational trails in Ireland [EB/OL]. http: //www. irishtrails. ie/national_ trails_ office/publications/trail_development/guide _ to _ planning _ and _ developing _ recreational _ trails _ in _ ireland. pdf.

[165] JIM S. Trails primer: A glossary of trail, greenway, and outdoor recreation terms and acronyms [EB/OL]. http: //www. railstotrails. org/ourwork/trailbasics/acronyms. html.

[166] JONGMAN R H, PUNGETTI G. Ecological networks and greenways: Concept, design implementation [M]. Cambridge: Cambridge University Press, 2004.

[167] JULIAN A P, MUTHUKRISHNAN A R S. Trail user demographics, physical activity behaviors, and perceptions of a newly constructed greenway trail [J]. Community health, 2012, 37 (5): 949 -956.

[168] KELLEY L, DUBOIS J, ERZEN S, et al. North portland greenway trail strategic plan [EB/OL]. http: //pdxscholar. library. pdx. edu/cgi/viewcontent. cgi? article =1127&context = usp_ murp.

[169] KRIZEK K, EL - GENEIDY A, THOMPSON K. A detailed analysis of how an urban trail system affects cyclists' travel [J]. Transportation, 2007, 34: 611 -624.

[170] LIBRETT J J, YORE M M, SCHMID T L. Characteristics of physical activity levels among trail users in a US national sample [J]. American journal of preventive medicine, 2006, 31 (5): 399 -405.

[171] LINDSEYG. Use of urban greenways: Insights from Indianapolis [J]. Landscape and urban planning, 1999, 45: 145 -157.

[172] LINDSEY G, MARAJ M, KUAN S C. Access, equity, and urban greenways: An exploratory investigation [J]. The professional geographer, 2001, 53 (3): 332 -346.

[173] LINDSEY G, NGUYEN D B L. Use of greenway trails in Indiana [J]. Journal of

urban planning and development, 2004, 130 (4): 213 -217.

[174] ILES L, WIELE K. The benefits of rail - trails and greenways [J]. Recreation Canada, 1993, 51 (5): 25 -28.

[175] LITTLE C. Greenways for American [M]. Baltimore: Johns Hopkins University Press, 1990.

[176] LU D. Urban greenway of raleigh: The evolution, trail use correlations and transportation modes [D]. Raleigh: North Carolina State University, 2014.

[177] LUMSDON L, DOWNWARD P, COPE A. Monitoring of cycle tourism on long distance trails: The north sea cycle route [J]. Journal of transport geography, 2004 (12): 13 -22.

[178] MANTON R, HYNES S, CLIFFORD E. Greenways as a tourism resource: A study of user spending and value [J]. Tourism planning & development, 2016, 13 (4): 1 -22.

[179] MIN K W, LEE K S, PARK O H, et al. Air environmental characteristics of a greenway park in Gwangju [J]. Korean journal of environmental health sciences, 2015, 41 (3): 171 -181.

[180] MOORE R L, GRAEFE A R. Attachments to recreation settings: The case of rail-trail users [J]. Leisure sciences, 1994, 16 (1) : 17 -31.

[181] MOORE R L, SCOTT D, GRAEFE A R. The effects of activity differences on recreation experiences along a suburban greenway trail [J]. Journal of park and recreation administration, 1998, 16 (2): 35 -53.

[182] MUNDET L, COENDERS G. Greenways: A sustainable leisure experience concept for both communities and tourists [J]. Journal of sustainable tourism, 2010, 18 (5): 657 -674.

[183] MUNROE D K, PARKER D C, CAMPBELL H S. The varied impact of greenways on residential property values in a metropolitan, micropolitan, and rural area: The case of the catawba regional trail [R]. http: //ageconsearch. umn. edu/bitstream/19915/1/sp04mu04. pdf.

[184] NADEL R E. Economic impacts of parks, rivers, trails and greenways [D]. Ann Arbor: University of Michigan, 2005.

[185] NEFF L J, AINSWORTH B E, WHEELER F C, et al. Assessment of trail use in a community park [J]. Family & Community health, 2000, 23 (3): 76 -84.

[186] NICHOLLS S, CROMPTON J L. The impact of greenways on property values: Evidence from Austin, Texas [J]. Joumat of leisure research, 2005, 37 (3): 321 -341.

[187] PALMISANO G O, GOVINDAN K, LOISI R V, et al. Greenways for rural sustainable development: An intergration between geographic information systems and group analytic hierarchy process [J]. Land use policy, 2016, 50: 429 -440.

[188] PEDESTRIAN AND BICYCLE INFORMATION CENTER. National bicycling and walking study: 10 year status report [R]. http: //www. fhwa. dot. gov/environment/bicycle_pedestrian/resources/study/index_10yr. cfm#chap1.

[189] PEDESTRIAN AND BICYCLE INFORMATION CENTER. National bicycling and walking study: 15 year status report [EB/OL]. http://192.168.253.6/files/320900000043CA8E/katana.hsrc.unc.edu/cms/downloads/15 – year_report.pdf.

[190] PLATT K. Going green [J]. Planning, 2000, 66 (8): 17 –20.

[191] PETTENGILL P R, LEE B H Y, MANNING R E. Traveler perspectives of greenway quality in northern New England [J]. Transportation research record: Journal of the transportation research board, 2012, 2314 (1): 31 –40.

[192] PRICE A E, REED J A, GROST L, et al. Travel to, and use of, twenty – one Michigan trails [J]. Preventive medicine, 2013, 56 (3): 234 –236.

[193] REED J A, AINSWORTH B E, WILSON D K, et al. Awareness and use of community walking trails [J]. Preventive medicine, 2004, 39 (5): 903 –908.

[194] REYNOLDS K D, WOLCH J, BYRNE J, et al. Trail characteristics as correlates of urban trail use [J]. American journal of health pomotion, 2007, 21 (4s): 335 –345.

[195] RIVERS, TRAILS, CONSERVATIONASSISTANCE. Economic impacts of protecting rivers, trails, and greenway corridors [EB/OL]. https://www.nps.gov/pwro/rtca/econ_all.pdf.

[196] SCHWECKE T, SPREHN D, HAMILTON S, et al. A look at visitors on Wisconsin's Elroy – Sparta bike trail [R]. Recreation resources center, University of Wisconsin, Madison, 1988.

[197] SCHWARZ L L, FLINK C A, SEARNS R M. Greenways: A guide to planning, design, and development [M]. Washington: Island Press, 1993.

[198] SEAMS R M. The evolution of greenways as an adaptive urban landscape form [J]. Landscape and Urban Planning, 1995, 33 (1 –3): 65 –80.

[199] SHAFER C S, LEE B K, TURNER S. A tale of three greenway trails: User perceptions related to quality of life [J]. Landscape and urban planning, 2000, 49 (3): 163 –178.

[200] SHAFER C S, LEE B K, TURNERS, et al. Evaluation of bicycle and pedestrian facilities: User satisfaction and perceptions on three shared uses trails in Texas [R]. College Station: The Texas A&M University, 1999.

[201] SIDERELIS C, MOORER. Outdoor recreation net benefits of rail – trails [J]. Journal of leisure research, 1995, 27 (4): 344 –359.

[202] TAN K W. A greenway network for Singapore [J]. Landscape and urban planning, 2006, 76 (1 –4): 98 –111.

[203] TAYLOR C. A Community greenway routed near schools: How it was planned and the extent of its use by school children [D]. Tallahassee: Florida State University, 2014.

[204] TOCCOLINI A, FUMAGALLI N, SENES G. Greenways planning in Italy: The lambro river valley greenways system [J]. Landscape and urban planning, 2006, 76 (1 –4): 98 –111.

[205] TROPED P J, SAUNDERS R P, PATE R R. Comparisons between rail – trail us-

ers and nonusers and men and women's patterns of use in a suburban community [J]. Journal of physical activity and health, 2005, 2 (2): 169 – 180.

[206] TURNER T. Greenway planning in Britain: Recent work and future plans [J]. Landscape and urban planning, 2006, 76 (1 – 4): 240 – 251.

[207] WOLCH J R, TATALOVICH Z, SPRUIJT – METZ D, et al. Proximity and perceived safety as determinants of urban trail use: Findings from a three – city study [J]. Environment and planning, 2010, 42 (1): 42, 57 – 79.

[208] WOLFF – HUGHES D L, FITZHUGH E C, BASSETT D R, et al. Greenway siting and design: Relationships with physical activity behaviors and user characteristics [J]. Journal of physical activity & Health, 2014, 11 (6): 1105 – 1110.

[209] VILES R L, ROSIER D J. How to use roads in the creation of greenways: Case studies in three New Zealand landscapes [J]. Landscape and urban planning, 2001, 55 (1): 15 – 27.

[210] Yu K J, Li D H, Li N Y. The evolution of greenways in China [J]. Landscape and urban planning, 2006, 76 (1 – 4): 223 – 239.

[211] ZACKER G, BOUREY G, LAGERWAY P. Evaluation of the Burke – Gillman trail's effect on property values and crime [R]. Staff Report, Seattle Engineering Department and Office for Planning, Seattle, Washington, 1987.

[212] ZHAO F, NIE R, ZHANG J E. Greenway implementation influence on agricultural heritage sites (AHS): The case of Liantang village of Zengcheng district, Guangzhou city, China [J]. Sustainability, 2018 (2): 434.

后　记

“广州人素来敢为天下先”，中国绿道的规划与建设同样最早始于广州。2007 年，增城开始大规模铺设自行车绿道，为“科学发展的增城模式”增添了靓丽的一笔。特别是乡村绿道的建设，使得增城在短时间内涌现出了诸如莲塘春色、小楼人家、蒙花布乡村公园等一批颇具影响力的旅游景点。虽然当初对绿道的了解尚有限，但笔者已经深切地感受到，绿道作为一种新型的生态工程，既能为城镇居民健身休闲提供优良的空间，也会给绿道沿线的乡村社会经济带来翻天覆地的变化，在中国无疑具有美好的发展前景，值得深入开展研究。本书正是始于笔者亲眼目睹绿道给城镇和乡村社区带来巨大变化所产生的热情和冲动。

经系统查阅相关文献后，笔者更加坚定了对广州绿道进行研究的决心和信心。当前，绿道已成为世界范围内公认的生态建设与环境保护的重要抓手。在生态文明建设、美丽中国建设和乡村振兴等发展战略的大背景下，我国绿道建设的浪潮已经到来，并已在全国许多地区“开花结果”。

然而，纵观绿道现有的相关研究，大多仍是以绿道建设规划和设计为主，而关注绿道如何被使用的研究成果还比较零散，该方面尚存在很多理论与实践问题未能回答和解决。Lindsey、Gobster、Deenihan 等学者的研究给予了我们很多启发。基于上述原因，本书重点围绕“绿道使用者行为及体验特征”这个主题，从绿道使用者的人口学特征、使用偏好、使用动机、使用方式、使用体验特征，以及上述各方面的影响因素与互作机制、绿道多元化服务功能的综合提升等方面开展调查研究。

绿道是人们亲近自然的一种重要手段，使用者这类“亲近自然”的需求和行为无疑是多元的，绿道的服务功能也必然会与绿道类型及其不同节段周边的游憩资源、配套设施、生态环境具有密不可分的关系，也就是说，绿道类型不同、节段不同，其服务功能也会有所不同，使用者的行为与体验效果也会随之改变。如果以长距离的整条绿道作为考察研究对象，势必难以厘清不同绿道使用者的行为特征和体验特征，难以深入剖析绿道多元化功能的实现途径。于是，结合实地考察印象，笔者在广州市范围内选定了具有典型性和代表性的 9 个绿道节段，即针对城区、乡村、自然三类绿道各选择 3 个节段，开展了深入的实地考察、问卷调查、案例实证、模型构建等多方位研究。当然，完成如此多地点的调查研究注定不是一件轻松的工作。2014 年 9 月，为了完成抽样问卷调查的工作，笔者组织了一支由 20 多位本科生与研究生组成的调研队伍。经过系统培训之后，他们便开始了抽样问卷调查和实地调研工作。由于问卷调查量较大，再加上期间对调研地点也做了些微调，致使这项工作直到 2015 年上半年才得以全部完成。同时，由于学界有关绿道使用者的研究积累十分有限，理论基础较为薄弱，也注定了本研究工作的难度。经过两年多的调查研究、数据统计分析与文稿撰写，本书的主干内容得以完成。后来，笔者又在绿道建设对乡村社区的影响等方面做了些研究工作，故在整理书稿时便增加了这部分内容。

需要强调的是，虽然笔者自认为开展了一些前人未涉及领域的探索工作，但本书必然存在或多或少的不足，在此也期望学界同仁能够多多批评指正，以便帮助笔者今后在该领域继续开展一些更全面、更深入的工作。在本书的撰写过程中，华南农业大学人文与法学学院龚金红副教授在SPSS数据分析方面给予了很多专业指导；广州市城市规划勘测设计研究院的尹向东、吴军及中山大学地理科学与规划学院的翁时秀等在资料收集方面给予了热情帮助；华南农业大学人文与法学学院2013级历史文化班的20余位同学协助完成繁重的问卷调查工作。在此，一并向上述人员表示诚挚的谢意！

著 者

2019年6月8日

于华南农业大学